中公新書 2685

二間瀬敏史著

ブラックホール

宇宙最大の謎はどこまで解明されたか

中央公論新社刊

まえがき

ブラックホールとは何でしょう。一言でいえば、光も逃げ出せないほど重力が強い天体です。天体といっても物質が詰まっているわけではありません。太陽や我々の地球のような物質のかたまりではなく、時間と空間のかたまりのようなものなのです。私たちの持っている天体のイメージとはずいぶん違っています。

この本で、ブラックホールについて詳しく説明していくわけですが、ブラックホールという言葉が学問の世界だけでなく一般に知られるようになったのはいつ頃からでしょう。その中に飲み込まれたらどんなものでも決して外の世界に戻ることができない不思議な天体が話題にならないはずはありません。およそ半世紀前になりますが、高校生だった頃に新聞でブラックホールの記事を読んだような気がするので、かなり以前から話題になっていたはずです。私が最初に一般向けにブラックホールの講演をしたのが、30年ほど前です。ただ、30年ほど前の講演で、「本当にそんなものがあるんですか?」という質問があったことをよく覚えているので、一般的には「面白いけど本当かな?」くらいの受け取り方だったと思います。

また、私が理学部の学生だった頃、天文教室の授業でさる有名な先生が「一般相対性理論なんかだれも信じていない」（ブラックホールは、一般相対性理論がその存在を予言する天体です）と言っていた記憶があります。一般の人ばかりではなく、天文学者のなかにもブラックホールを信じていない研究者がいたことも確かです。

ひるがえって現在の天文学を見てみると、宇宙のいたるところで想像を絶する大規模な爆発などの激しいエネルギー活動が起こっていて、そのいずれにもブラックホールがかかわっていることが分かっています。ブラックホールの解説書も多く出版されています。2018年には太陽の重さの30倍程度の2つのブラックホールの衝突から放射された重力波が観測され、また2019年には電波観測によって明るく輝くガスの中に真っ黒なブラックホールが浮き上がっている様子が世界中で公開されました。ブラックホールなしには宇宙で起こっていることを理解することはできないのです。

この本ではまず、ブラックホールとは何かという感覚をつかんでもらうために、歴史から話を始めます。どのようにブラックホールを考えついたのか、そしてその考えがなぜすぐには受け入れられなかったのか、どのような経緯で多くの物理学者や天文学者がブラックホールの存在を認めるにいたったのかを説明します。

ブラックホールを見ることができるのは電波だけではありません。21世紀に新しく人類が手に入れた観測手段である重力波もまたブラックホールを見るのに最適です。重力波とは時空の振動です。本書で説明するように、2つのブラックホールが衝突したとき、まわりの時空が振動することで放出された重力波がすでに観測されています。その後の観測で、このようなブラックホール連星が予想以上に宇宙に存在することが分かりました。第2章では、ブラックホールを観測可能にした技術と、銀河に多数存在するその姿に迫ります。

以上が天文学におけるブラックホールについてですが、ブラックホールは天文学の範疇にとどまる存在ではありません。この本の後半では天文学から離れて想像の翼を一気に広げてみます。ブラックホール自体の時空構造を研究すると、自然にホワイトホールやワームホールといった時空の不思議な構造が見えてきます。これらは荒唐無稽に思われるかもしれませんが、特異な時空構造を調べれば、時間や空間について深い理解が得られるのです。第3章では、ブラックホール研究の過程で現れた仮説を紹介します。

さらにブラックホール研究をきっかけとして現在進行形で発展している物理学の最先端の研究を覗いてみます。この研究の発端は、ブラックホールと熱力学との関係の発見です。両者に深い関係があることも、ブラックホールの存在同様、すぐには受け入れられませんでした。熱力学とは熱の移動にともなう物理学で、重力とは何の関係もないからです。

しかし、この一見何の関係もないものから重力、すなわち時空についての全く新しい見方が生まれました。詳しくは第4章で解説しますが、宇宙の存在、我々の存在に対して、これまでとかけ離れた考えが出てきたのです。

このようにブラックホールは、宇宙に起こっている様々な現象を解明する鍵であると同時に、宇宙とは何か、存在とは何かという問いに対する答えの鍵でもあるのです。これから、現代天文学、現代物理学が明らかにしたブラックホールについて紹介したいと思います。

目次

謎の天体は高速で遠ざかっていた！
莫大なエネルギーを小さな領域から放つ「クェーサー」の正体は？
ブラックホールの「降着円盤」が生むクェーサーの輝き
正確な電波のパルス信号を出す「パルサー」の発見
中性子星が電波パルスを放つしくみ
X線を放つ謎の天体が発見される
太陽質量の8倍程度以下の星は最後に白色矮星になる
太陽質量の10倍以上の星は中性子星やブラックホールになる
「モンスターブラックホール」問題を難しくする事情
モンスターブラックホールを作る2つのシナリオ
M87銀河と活動銀河核
M87のブラックホールの決定的な証拠が見つかる
ブラックホールの「影絵」を見る
ブラックホールシャドウは観測不可能？
複数の電波望遠鏡を使って口径を地球サイズに！
ブラックホールの観測についに成功した！
ブラックホールの新たな観測手段・重力波とは？
重力波望遠鏡を作る試み

章扉画像　EHT Collaboration
編集協力　中村俊宏
図版作成　ケー・アイ・プランニング
DTP　市川真樹子

ブラックホール

第１章
ブラックホールとは何か？

半世紀経って認められ、さらに半世紀でノーベル賞

今では日常会話にも普通に登場するほど、ブラックホールという単語はポピュラーになりましたが、紆余曲折の末にその存在が認められたのは１９６０年代中頃から１９７０年頃のことです。理論的にブラックホールを表すものが発見されたのは１９１６年ですから、半世紀たってようやくその存在が認められたということになります。

そしてさらに半世紀経ち、２０２０年度のノーベル物理学賞が、ブラックホール研究に大きな貢献をした３人の研究者に与えられました。その１人であるイギリスの数理物理学者ロジャー・ペンローズ（１９３１～　）は、ブラックホールが実際に存在しうることを数学的に証明し、さらにその内部で現在の物理学では取り扱うことのできない現象が起こっていることを突き止めました。残りの２人、ドイツの天文学者ラインハルト・ゲンツェル（１９５２～　）とアメリカの天文学者アンドレア・ゲズ（１９６５～　）は、20年以上にわたる地道な観測から、私たちの銀河系（天の川銀河）の中心に太陽の４００万倍という重さの巨大

ブラックホールが存在する決定的な証拠を見つけました。これらの話は後からするとして、まずブラックホールがどんな天体かを押さえておきましょう。

ブラックホールはどんな天体か？

ブラックホールという言葉は、日常会話では「そこに入ったら二度と抜け出せない」という意味で使われることが多いようです。実際にブラックホールに入ると二度と抜け出すことはできません。

世の中で一番速いものは光ですが、光さえもブラックホールに吸い込まれると、外の世界に戻ることはできません。私たちがものを見るという行為は、そこから出た光、あるいはそこで反射された光を目で受け取ることです。ブラックホールからは光は出てこないので、見ることはできません。光っている天体が後ろに広がっている場合なら、それを背景として真っ黒な穴のように見えるでしょう。それがブラックホールと呼ばれる所以です。

実際にこの暗い穴は２０１９年に、予想通りに観測されて新聞にも大きく報道されました。このとき観測されたブラックホールは、地球から約５５００万光年（1光年は光が1年かかって届く距離）離れたM87という銀河の中心にあります。太陽の約65億倍という重さをもったモンスター級のブラックホールでした。

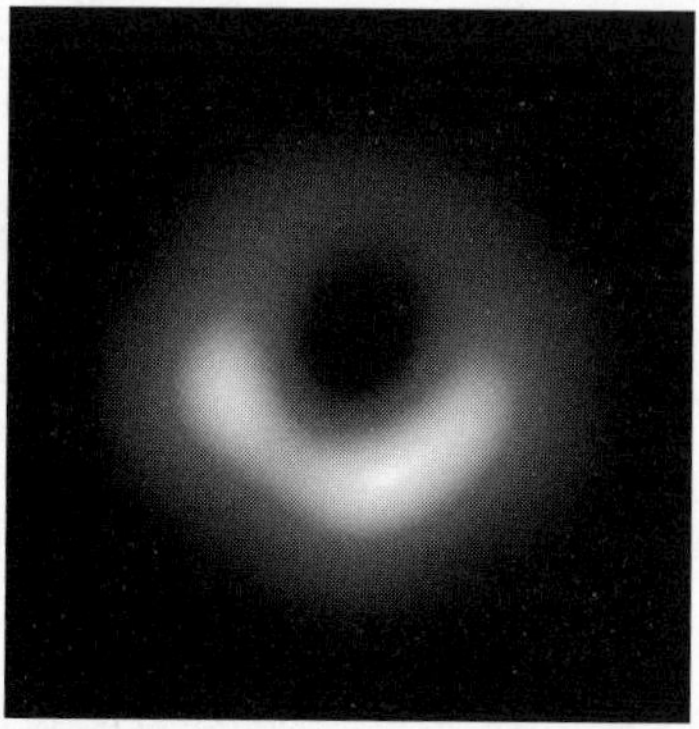

M87銀河の中心のブラックホール　初めて撮影に成功した。ドーナツの「穴」の部分（の一部）がブラックホールである
（EHT Collaboration）

ところで、普通、重い（質量が大きい）ものは巨大（サイズが大きい）ですが、ブラックホールはそうではありません。たとえばM87のブラックホールの場合、その大きさは半径195億キロメートル程度です。人間の感覚では十分大きいと思うかもしれませんが、太陽と地球の距離は約1億5000万キロメートルですから、太陽と地球の距離の130倍程度にすぎません。太陽からもっとも遠い惑星である海王星までの距離は太陽と地球の距離の30倍程度ですから、その4倍ちょっとです。この中に太陽が65億個詰め込まれているのです。

ちょっと数字が大きすぎてわかりにくいかもしれないので、太陽と同じ重さをもったブラックホールを考えてみると、その大きさは半径3キロメートルです。太陽の半径は約70万キロメートルですから、その重さを保ったまま、大きさを23万分の1に縮めたものになります。重力は質量が大きいほど、そして質量（重力源）までの距離が短いほど強くなります。したがってブラックホールの近くでは、とても重力が強いことがわかります。重たい割にはすごく小さい天体、そして重力がとても強い天体、それがブラックホールです。

ブラックホールの内部と表面

ブラックホールは何からできているのでしょう。

たとえば太陽の内部はほとんどが水素からできています。この太陽を23万分の1のサイズにまで縮めると、ブラックホールになります。だとするとブラックホールの内部では、水素が極限にまで圧縮されてカチンカチンになっていると思うかもしれません。しかしそうではないのです。ブラックホールの中には物質はありません。そこは「空っぽ」な空間です。なぜ空っぽなのかは、あとで説明します。

では、ブラックホールの表面はどうなっているのでしょう。普通の星は、中心部の水素の密度が一番高く、外側に行くにつれ密度が低くなって、表面で0になります。しかし、ブラックホールの中にはどこにも物質がありません。では、ブラックホールの表面とはどこのことなのでしょうか。

ここで「ブラックホールからは光が抜け出せない」ことを思い出してください。なぜ抜け出せないのか、それはあらゆるものが重力で中心に向かって引っ張られているからです。ブラックホールの内部で外向きに光を出しても、あまりに強い重力のために光は内向きに進んでしまうのです。ということは、外へ逃げることができるところともう逃げられないところの境目があるはずです。その境目がブラックホールの表面です。太陽と同じ質量のブラックホールでは、その境目が中心から3キロメートルのところにあるということです。

ロジャー・ペンローズ

ブラックホールの内部に出現する不思議な点

宇宙にはブラックホールがたくさん存在しています。それらのブラックホールは、もともとは、太陽よりも8倍以上重い星が爆発してできたことがわかっています。この爆発を超新星（または超新星爆発）といいます。爆発したとき、星の中心部がギューッと縮んでブラックホールになるのです。

しかしブラックホールの中は空っぽだといいました。ではブラックホールをつくった星の中心部の物質はどこに行ったのでしょう。その答えは「物質は際限なく縮んでいった」です。ノーベル賞を受賞したペンローズは、ブラックホールの内部で物質が際限なく縮んでいくことを数学的に証明したのです。

だとすると際限なく縮んでいった物質は、最後にどうなるのか、という疑問が当然わきます。残念ながら、現在の物理学はこの疑問に対する解答を用意できていません。無限に小さな領域に有限のサイズの物質が詰め込まれてしまうわけですから、とても不思議なことが起こるはずです。これを「特異点」が出現するといいます。特異点は必ず出現することをペンローズは証明したのです。

不思議なことが起こるのは物質だけではありません。空間にも時間にも不思議なことが起こります。それは空間と時間は物質と無関係ではないからです。ここの事情はもう少し後から説明します。

まずは、ブラックホールという概念が現れる歴史的な経緯から話を始めましょう。

ラプラスとミッチェルが考えた「ブラックホールもどき」

現代的なブラックホールの研究は、1930年、インドの20歳の若者の思いつきから始まります。それは、彼が期待に胸を膨らませてイギリスに留学する長い船旅の船上でのことでした。この話はもう少し後でするとして、じつは「ブラックホールもどき」とでも呼べるような星の存在は、すでに18世紀後半には考えられていたのです。

前述のように、ブラックホールからは光すら出てくることができません。フランスの数学者ピエール・シモン・ラプラス（1749〜1827）とイギリスの物理学者ジョン・ミッチェル（1724〜1793）は、そんな状況が起こりうることに気がついていたのです。

当時すでにニュートンが重力の法則を発見してから100年近くたっていて、地球の重力が物体に及ぼす影響はわかっていました。たとえばボールを真上に投げ上げると、ある高さにまで上がって落ちてきます。投げ上げる速度を速くすればするほどボールは高く上がっていき、秒速11キロメートル（時速約4万キロメートル）で投げ上げると地球の重力を振り切って宇宙に飛び出していきます。この重力を振り切る速度を脱出速度といいます。

質量の大きな星は重力が強いので、そうした星からの脱出速度はより大きくなります。たとえば地球の約33万倍の質量をもつ太陽からの脱出速度は、秒速618キロメートルとなります。また、質量を変えずに星の大きさを小さくしても、星の表面部分での重力が強くなるので、脱出速度は大きくなります。太陽を、質量をそのままで大きさを100分の1に縮めると、脱出速度は秒速約7000キロメートルになります。これは光速度の2％程度にもなる速さです。

ラプラスとミッチェルは、もっともっと小さくて質量が大きな星があれば、その星からの脱出速度は秒速30万キロメートル以上になることに気がつきました。たとえば地球の質量をそのままにして直径2センチメートル程度の大きさに縮めると、ラプラスとミッチェルの考えた星ができあがります。秒速30万キロメートルというのは光速度です。したがって光はその星から離れることはできません。星から光が出てこなければ、外からはその星を見ることはできません。これがラプラスとミッチェルが考えた「ブラックホールもどき」です。

なぜこれがブラックホールではなく「もどき」なのかといえば、その星からは光が出てこられないだけで、もし光よりも速いものがあれば出てくることができるからです。光の速度は特別で、それより速いものは存在しないのですが、それがわかったのは20世紀になってからなので、当時としては単に「光が出てこられない星」という以上のものではありませんでした。また、ラプラスやミッチェルが考えた星は、その中に物質がぎっしり詰まった小さく重たい星であり、光が出てこられないほどに重力が異常に強いというだけの普通の星です。光よりも速いものは存在しないことが20世紀になってわかると、ラプラスとミッチェルの星が普通の星ではありえないこともわかるのです。

「等価原理」とは何か？

ここで、ブラックホールを作る原因である「重力」の性質について触れておきましょう。ブラックホールという不思議な存在にたどり着くまでに、避けては通れないのが重力の性質を理解することです。ただし、重力の理論である一般相対性理論を十分に理解している方は、この部分の説明を飛ばしてもらってもかまいません。それ以外の方は、少し長くなりますががんばってお付き合いください。

重力はあらゆる物体がほかの物体に及ぼす性質で、そのため「万有引力」とも呼ばれています。また、あらゆる物体は重力を受けるという性質も持っています。重力を及ぼす性質も重力を受ける性質も、物体の持つ質量（正確にはエネルギー）が決めています。質量が大きければ強い重力を及ぼし、また重力を強く受けるということです。

ここで「質量」と「重さ」の違いに触れておきましょう。一般に物体の重さというのは、地球によって受ける重力のことです。じつは地球の重力に限った話ではなく、物体を月に持って行けば、その物体の重さは月の重力によって受ける力になります。要するに、ほかの物体の作る重力によって受ける力が「重さ」です。そして重さは、物体の「質量」が大きければ大きいほど重くなります。こうして、質量が大きいということと重いということは同じことになります。この意味の質量を「重力質量」といいます。重力質量はまた、重力を及ぼす原因でもあります。

一方で、物体の「質量」は、地球上にあろうがなかろうが、その物体に特有の性質です。地球からはるかに離れた宇宙空間でも、当然ですが物体は質量を持っています。この質量のことを「慣性質量」と呼んでいます。慣性質量が大きいほど、物体は動かしにくいことになります。

重力質量と慣性質量の区別がわかりにくいかもしれませんが、「重力質量＝重力の受けやすさの目安」と「慣性質量＝物体の動かしにくさの目安」は、概念としてまったく別のものです。その違いは、電気の力を考えればわかります。「電荷」を持った粒子は、電気的な力（電磁気力）を受けて、引きつけられたり、逆に反発したりします。その力は電荷が大きければ大きいほど強くなります。電荷を持たない粒子、たとえば原子核の中にある中性子という粒子は、電荷を持たず、電気的な力を受けません。

電気的な力をどのように受けるかを決める「電荷」に対して、重力をどのように受けるかを決める「重荷《じゅうか》」（gravitational charge の訳語）に相当するものが、重力質量です。重力をどのように受けるのかということと、その物質が動かしにくいかどうか（つまり慣性質量の大きさ）とは、本来は何の関係もありません。電気的な力をどう受けるのかを表す電荷と、慣性質量（たとえば先の中性子自体の重さ）との間に何の関係もないことと、まったく同じです。電気力の場合、電荷と慣性質量は明らかに別物で、その値が違っていても問題ありません。

しかし重力の場合、重荷＝重力質量と慣性質量は同じ値を持っています。そして電荷と違い、重荷を持たない物質は存在せず、あらゆる粒子が重荷を持っています。だからあらゆる粒子は重力を受け、「万有引力」と呼ばれるのです。

このように、本来は別のものであるはずの慣性質量と重荷（重力質量）は、同じ値を持っています。これを「慣性質量と重力質量は等価である」といい、このことを「等価原理」と呼びます。

等価原理から重力の法則を発見したニュートン

ルネサンス期のイタリアの科学者ガリレオ・ガリレイ（1564〜1642）が行ったピサの斜塔の実験の逸話を、ご存じの方も多いでしょう。ピサの斜塔の上から、重さの違う2つの物体を同時に落下させると、重い物体が早く、軽い物体が遅く地上に届くのではなく、同時に地上に届くことを確かめる実験です。実際にガリレオが行ったのは、斜面を転がす実験で、ピサの斜塔の実験は作り話のようです。じつはこれは、等価原理を確かめる実験です。

同じような実験は月面上で1971年に行われました。アメリカの月面探査機アポロ15号の船長デイビット・スコット（1932〜 ）は、月面上で羽根と鉄製のハンマーを両手に持って落として見せたのです。この実験は今でもYouTubeで見ることができます。軽い羽根と重いハンマーは見事に月面に同時に着きました。地球上では空気抵抗のために、羽根の方が遅く地面に着きますが、空気（大気）のない月面では羽根とハンマーが同時に着く様子を見ることができるのです。

重いハンマーは月の重力を強く受けるため、軽い羽根より強い力で引っ張られて速く落ちるはずです。しかし同時に着いたということは、重いハンマーは慣性質量も大きいため動かしにくく、結局軽い羽根と同じ速さ（加速度）で落下したのです。このことから重力質量が大きいものほど慣性質量が大きいことがわかります。したがって「重力質量＝慣性質量」となるのです。

ガリレオが亡くなった1642年にイギリスで生まれた、人類史上最大の天才物理学者アイザック・ニュートン（1642〜1727）は、等価原理の重要性に初めて気づいた人でした。ペストの大流行で1665年から1666年にかけて郷里に戻ったニュートンは、ある日、庭に植えてあったリンゴの木からリンゴが落ちるのを見て、等価原理から重い月も軽いリンゴとまったく同じように地球の重力によって落下しているはずだと気がつきました。このリンゴの逸話は創作とも言われますが、月が落下しつづけていることから、2つの物体に働く重力はそれぞれの質量に比例し、距離の2乗に反比例するという重力の法則（万有引力の法則）を発見しました。そしてラプラスとミッチェルは、この重力の法則に基づいて「ブラックホールもどき」を考え出したのです。

マクスウェルが予言した「電磁波」の理論

ニュートンによる重力の法則の発見から240年ほどたった1907年、等価原理の「本当の意味」に気がついた人がいました。それが相対性理論を打ち立てたドイツの物理学者アルベルト・アインシュタイン（１８７９〜１９５５）です。当時28歳だった彼は、すでに最初の相対性理論である「特殊相対性理論」を発表していて、知る人ぞ知る存在でした。しかし、まだ大学に職を得ることができず、ベルンの特許庁で働いていました。

アルベルト・アインシュタイン

特殊相対性理論というのは、光の速さはどんな運動をしている人から見ても一定に見えること、しかも光よりも速い運動は存在しないことを大前提として、１９０５年にアインシュタインが作った理論です。この理論は、当時の最先端の理論であった電磁気学に基礎をおいています。そしてその理論をつくったのは、アインシュタインがもっとも尊敬していたスコットランドの物理学者ジェームス・マクスウェル（１８３１〜１８７９）でした。マクスウェルは48歳という若さで亡くなりますが、この年はアインシュタインが生まれた年でもあります。

さて、マクスウェル理論は、「電気の振動」と「磁気の振動」が空間を伝わるという画期的なものでした。マクスウェル以前は、電気や磁気というものは電荷を持つ物質の周り、あるいは磁石の周りにしか存在しないと思われていました。しかしマクスウェルは、電気と磁気が物質の束縛から解放されて、振動しながら空間を自由に伝わることを予言したのです。これが電気と磁気の波、すなわち「電磁波」です。20世紀に活躍したアメリカの物理学者リチャード・ファインマン（１９１８～１９８８）は、マクスウェルの発見を「蛹が蝶になった」と形容しました。

マクスウェルが予言した電磁波の伝わる速度は、当時知られていた光の速度と同じでした。このことから光も電磁波の一種（ある振動数の範囲の電磁波）であることが明らかになりました。

「光の速度の難問」を解いた特殊相対性理論

一方、当時の物理学者たちは、光の速度について「ある問題」を抱えていました。それは光の速さが「どんな運動をしている人からも一定の値に観測される」ということでした。

たとえば地球は太陽の周りを秒速29キロメートル、時速にすると10万キロメートル以上という速度で回っています。すると、地球の進行方向に放った光と、反対方向に放った光とでは、その速度に秒速58キロメートルの差が観測されるはずです。これは、時速３００キロメートルで走る新幹線の中で、その進行方向に時速１００キロメートルでボールを投げれば、ホームに立っている人から見ればボールは時速400キロメートルで動いて見えることと同じです。速度というものは、観測者の運動状態によってさまざまな値で観測されるものなのです。

ところが光の速さを測ってみると、どんな向きに放った光も、地球の運動によらず一定の速度（秒速約30万キロメートル）だったのです。20世紀初頭の物理学における最大の難問が「なぜ光の速度はいつも一定なのか」というものでした。

この難問を解いたのが、アインシュタインの特殊相対性理論です。速度とは「ある決まった時間の間にどれだけの距離を進むか」ということです。どんな速度で運動している人にとっても光の速度が同じということは「違う速度で運動している人は、違う時間の進み方や違う長さの距離を測っているということだ」とアインシュタインは考えたのです。

それまでの常識では、時間や空間は絶対的な存在で、それを測る人の運動とはまったく無関係と信じられていました。運動の速さが違う人それぞれが「違う時間と違う空間」を持っているということは、無限に時間と空間があることになります。

4次元時空という考え

これをもっとシンプルにとらえたのが、特殊相対性理論における「4次元時空」という考えです。この考えは、次のような簡単な例でわかります。

ノートのある1ページに、1点Pをとりましょう（図参照）。そしてそのページの真ん中あたりに適当に点（原点）をとり、そこから直交する2つの直線を引き、1つをx軸、もう1つをy軸とします。すると最初にとった点Pの位置は、原点からx軸方向の距離とy軸方向の距離として2つの実数で表されます。

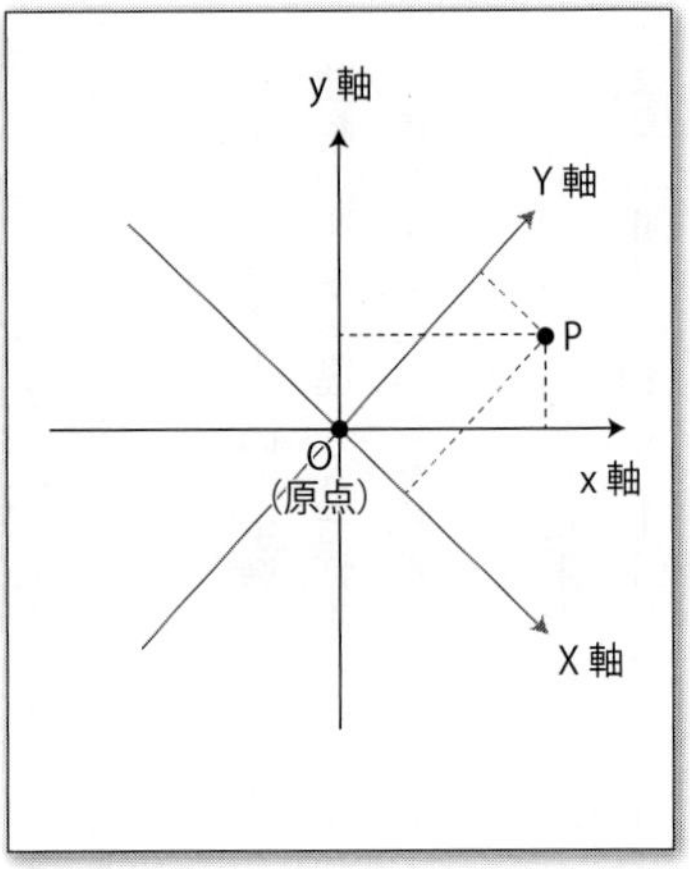

次に、同じ原点から前のx軸とy軸とは別の方向に直交する2つの直線を引いて、それをX軸、Y軸としましょう。すると同じ点Pの位置は、原点からX軸方向の距離とY軸方向の距離という2つの実数で表せます。その値は当然、x軸とy軸で測った2つの実数の値とは違います。同じ点でも測り方の違いで違った表し方になるのです。

4次元時空もこれと同じく、ノートの1ページのようなものです。そのページの上に、それぞれの人（運動の速さが違う人）が「時間軸」と「空間軸」を書くのです。ただし誰が測っても光の速度が同じになるように、時間軸の単位と空間軸の単位は決まります。物理学者はいつもこの4次元のノートを頭の中に入れて、物理現象を見ているのです。

アインシュタインの「生涯で最もすばらしい」ひらめき

運動の速さが違う人それぞれに「違う時間と違う空間」を持つことを明らかにして、物理学に革新をもたらした特殊相対性理論ですが、1つ難点がありました。それは重力を扱えないことです。

ニュートンが発見した重力理論では、たとえば太陽が突然消えると、その瞬間に地球に届く太陽の重力も消えてしまいます。重力は無限の速さでどんな遠くにも伝わるのです。これは「光よりも速い速度は存在しない」という特殊相対性理論と明らかに矛盾します。

そこでアインシュタインは新たな重力理論を作ることに全精力を集中しました。特許庁の勤務中もそのことばかり考えていて、ある時、突然ひらめいたのです。

「自由落下している人は、重力を感じないのだ！」

これが、アインシュタインが「生涯で最もすばらしい」と語ったひらめきです。自由落下とは、重力以外の力が働いていない状態での落下のことです。そしてこのひらめきによって、アインシュタインは等価原理の「本当の意味」に気がついたのです。

現在の私たちには、このひらめきはよくわかります。宇宙飛行士の訓練で、飛行機の中が無重力状態になって、宇宙飛行士や物がふわふわ浮いているのを映像などで見たことがあるでしょう。この時、飛行機はエンジンを切って自由落下の状態にあるのです。この状態の飛行機の中では、「重いものも軽いものも、すべて同じ加速度で落下する」という等価原理から、すべてのものは宇宙飛行士も含めて同じ加速度で自由落下します。さらに飛行機そのものも自由落下しているので、飛行機内は無重力状態、すなわち「重力が消えた状態」になり、宇宙飛行士や物は宇宙に浮いてしまうのです。

重力は本当に「消えた」のか？

自由落下状態では重力が消えること、したがって自由落下状態にある人にとっては特殊相対性理論が成り立っていることに気がついたアインシュタインですが、新しい重力理論が完成するには、それからさらに8年の歳月を要しました。アインシュタインのひらめきは一歩を踏み出したに過ぎなかったのです。

1909年、ようやくチューリッヒ大学の准教授となったアインシュタインは、1910年にはプラハ大学の教授となります。ちなみに「大学の先生になる」といって特許庁に辞表を出した時、上司は「冗談を言うのもほどほどにしろ！」と顔を真っ赤にして怒ったそうですから、うわのそらだった働きぶりがわかります。

さてプラハ大学で、のちの成功のカギとなる出会いがありました。オーストリアの数学者ゲオルク・ピック（1859〜1942）から、当時最先端の数学であった微分幾何学の存在を知らされたのです。微分幾何学とは曲がった空間を研究する数学の分野です。

じつはプラハに行くまでに、アインシュタインは、おぼろげながら重力と「時空の曲がり」の関係に気がついていたようです。この関係は、人生最高のひらめきについて考え抜いた末に出てきました。このことをアインシュタインが考えた「自由落下するエレベーター」で説明しましょう。

エレベーターを吊り下げているワイヤーが突然切れて、エレベーターが自由落下している状況を考えます。エレベーターの中では重力が消えていて、特殊相対性理論が成り立っているはずです。しかし「本当にそうだろうか？」とアインシュタインは考えました。

そこで次のような実験を考えてみます。自由落下しているエレベーターの中で、人が両手を広げてリンゴを持っていて、ある瞬間に両方のリンゴを離したとします。リンゴも人も同じ加速度で落下するので、2つのリンゴはエレベーターの中では宙に浮いています。

では2つのリンゴの間の距離はどうでしょう？　もしエレベーターの中がどんな天体からも十分遠くに離れている宇宙空間にあったとすれば、2つのリンゴの間の距離はいつまでたっても変わらないはずです。ところが地球のはるか上空から地表へ落下しているエレベーターの場合は違うことが起こります。落下時間が短ければ、2つのリンゴの間の距離は変わらないように見えるでしょう。しかし長い時間落下していると、リンゴの間の距離はだんだん短くなっていきます。それは、それぞれのリンゴは「地球の中心」に向かって落ちていくため、落下する方向がわずかに異なるからです。

エレベーターの中にいる人から見ると、自由落下によって重力の影響が消えているため、2つのリンゴは宙に浮かんでいます。しかしよく見ると、2つのリンゴの距離は確実に近づいていきます（図参照）。これが宇宙空間にポツンと浮かんでいる（これも重力が働いていない状態です）エレベーターとの違いです。重力がある場合、リンゴ1個に働く重力は消せても、離れた位置にある2つのリンゴに働く重力の影響は決して消すことができないのです。この消せない効果が、重力の本当の影響なのです。

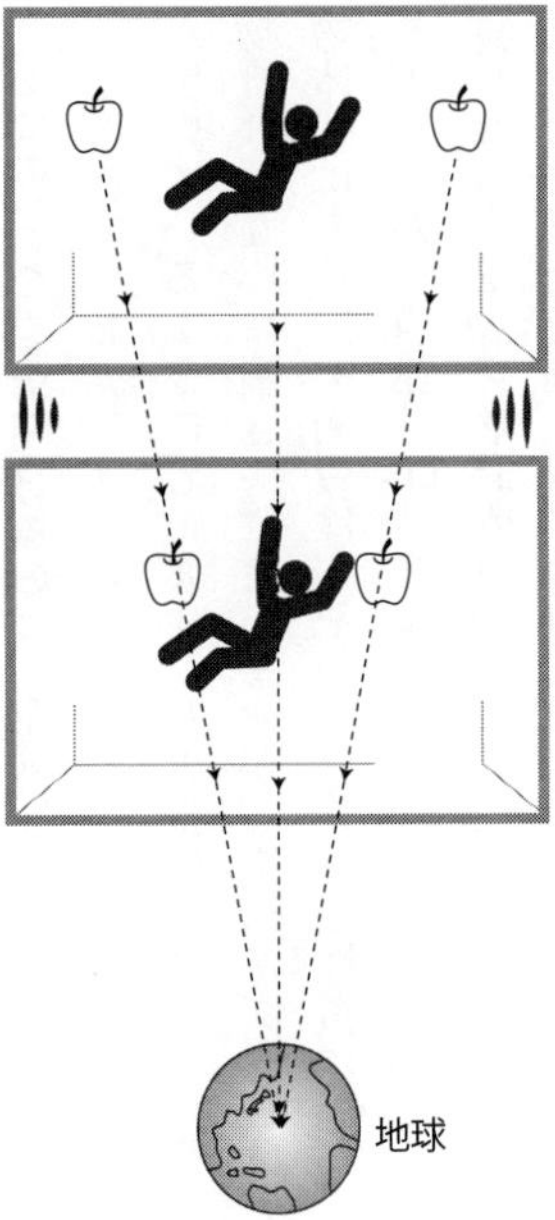

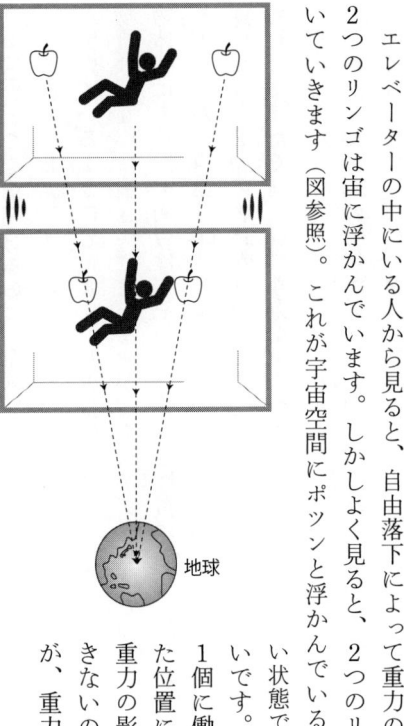

2つのリンゴを近づけるのは「空間の曲がり」

ところで、2つのリンゴが近づくのを見ると、リンゴ同士の間に何らかの引きつけ合う力が働いているように思えます。たとえば、プラスの電荷を持つ物質とマイナスの電荷を持つ物質はお互いに引きつけ合いますが、電荷が大きいほど強く引きつけ合います。このように物体間に力が働く場合は、その力は物体の性質によって決まると考えるのが自然です。

ところが、自由落下するエレベーターの中で起こる2つの物体の近づき方は、少し様子が違います。2つの物体がリンゴ同士であれ、リンゴとピンポン玉であれ、ピンポン玉同士であれ、まったく同じ近づき方をするのです。つまりその近づき方は、物体の性質とはまったく無関係なのです。

したがって2つの物体が近づく原因は、それらの間に「力」が働いているためだとは考えにくくなります。では、2つの物体はなぜ近づくのでしょうか?

アインシュタインの答えは「空間が曲がっているから!」でした。物体の性質とは無関係に、物体が存在している空間の「曲がり具合」によって、物体の近づき方が決まるというのです。3次元の空間が曲がっているといわれても、ほとんどの人はイメージしにくいでしょうから、2次元の面の曲がり、つまり「曲面」を考えてください。

さて、アインシュタインには2人の息子がいましたが、下の息子エドワードに「お父さんはなぜそんなに有名なの？」と聞かれたことがあったそうです。そのときアインシュタインは、こう答えたそうです。

「目の見えないカブトムシが、木の曲がった枝を歩いているとしよう。カブトムシは自分が曲がった道を歩いていることに気がつかない。お父さんは幸運にも、それに気がついてしまったんだ」

そこでアインシュタインにならって、枝のかわりに大きな球の上の別々の場所に２匹のカブトムシを並べて（平行に）置いてみましょう。カブトムシはそれぞれ、まっすぐに歩くとします。するとカブトムシ同士の間隔はだんだん近づいていって、最後はぶつかってしまいます。カブトムシはまっすぐ歩いているだけで、お互いの間に力が働いているわけではありません。球面が曲がっているため近づくのです。もしカブトムシが球面ではなく平面の上をそれぞれ平行にまっすぐ歩けば、２匹のカブトムシが近づくことはありません。２つのリンゴが落下するにしたがってだんだん近づくのも、これと同じで、空間自体が曲がっているからだとアインシュタインは考えたのです。

重力を「時空の曲がり」ととらえる一般相対性理論

特殊相対性理論では、時間と空間は別々の存在ではなく一体となって４次元時空を形作りました。したがって空間だけではなく「4次元時空（あるいは単に時空）が曲がっている」といった方が正確です。

重力がなければ時空が平坦で、重力があると時空が曲がります。そして曲がった時空の中を物体が動いて近づいていく様子を、私たちは「物体に重力が働いている」とみなします。これが「一般相対性理論」と呼ばれる、アインシュタインが考えた新しい重力理論の基本的な考えです。

時空が曲がっていることに気がついたアインシュタインは、大学時代の同級生だったスイスの数学者マルセル・グロスマン（1878〜1936）の力を借りて、曲がった空間を表す数学を勉強しはじめます。それはリーマン幾何学という、当時の最先端の数学理論でした。物理学の「言葉」は数学です。数学的に曲がった時空を記述して、初めて物理学となるのです。

リーマン幾何学の習得に数年をかけ、1915年11月の末にようやく時空の曲がりを決める方程式にたどり着きました。この方程式は「アインシュタイン方程式」と呼ばれ、一般相対性理論のもっとも基本的な方程式です。この方程式を解くことで、たとえば太陽の周りで時空がどのくらい曲がっているのかがわかるようになったのです。

「時間が曲がる」とはどういうことか？

先ほど話したように、一般相対性理論では重力の正体を「時空の曲がり」だと考えます。時空すなわち時間と空間のうち、「空間（3次元空間）の曲がり」については、2次元の曲面を考えればイメージがわきます。一方、「時間の曲がり」とは、どんな意味でしょうか？これを理解すると、ブラックホールがどんな不思議な天体かがわかります。

ところで「ブラックホール」という言葉が広まる前は、「重力的に完全に崩壊した星」とか「凍った星」という名前が使われていました。何が凍っているのかというと、それは時間です。ブラックホールでは時間が凍りついているのです。

ちなみにブラックホールという名前は諸説ありますが、それを広めたのはアメリカの物理学者ジョン・ホィーラー（1911～2008）です。1967年頃の講演中に、聴衆の1人からブラックホールという呼称の提案があったことから、使い始めたということです。

ジョン・ホィーラー

重力の強い星に自由落下する探査船から光信号を出す

さて、重力と時間の関係です。この関係を調べるために、重力が強い不思議な星を発見した宇宙船が、調査のために探査船を差し向けたとします。ところが探査船のエンジンが故障して、その星に向かって自由落下を始めたとしましょう。そこで探査船に乗った宇宙飛行士は、遠くで待機している宇宙船（母船）に向かって、1秒ごとに点滅する光で救難信号を送るとします。ここで「1秒ごと」というのは、探査船の中の時計で測った時間です。

等価原理のために、探査船の中は無重力状態になっていますから重力が消えていて、光信号は探査船から見ると秒速30万キロメートルで進みます。なお、重力がないときの光の速さの正確な値は、秒速29万9792・458キロメートルですが、計算を簡単にするため、以下では30万キロメートルとしておきます。

探査船は星に向かって落下しているので、遠くの母船から見ると、探査船が放った光信号の速さは秒速30万キロメートルよりも遅くなります。ここで「光の速度はどんな運動をしている人が見ても同じではなかったのか？」と疑問を持つ人がいるでしょう。じつは重力が働いている時は「時空そのものが動いている」、要するに「動く歩道の上にいる」ような状態になるので、光の速度が変化するのです。これについては、この後でくわしく説明します。

たとえば探査船が秒速5万キロメートル（光の速さの6分の1）という猛スピードで星に向かって落下していて、母船は星から1億キロメートル離れているとします。すると母船に

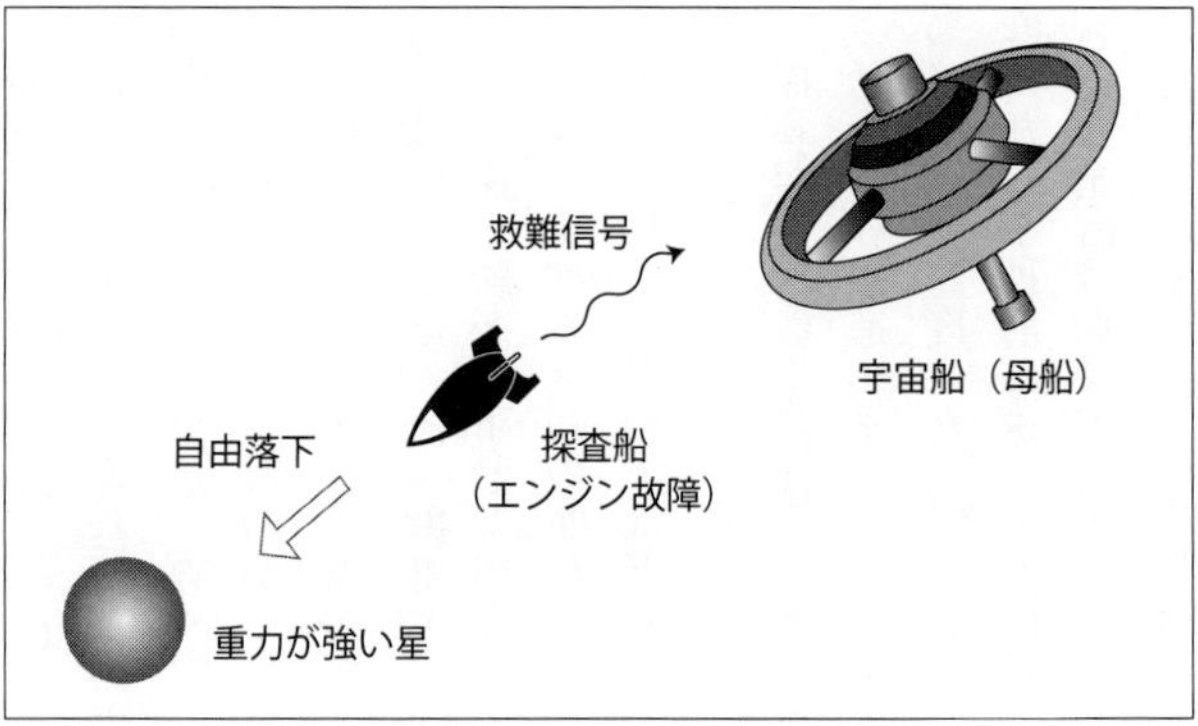

とって光信号の速さは秒速25万キロメートル（秒速30万キロメートルから秒速5万キロメートルを引いた値）と遅くなり、母船に届くまでの時間は400秒（1億キロメートルを秒速25万キロメートルで割った値）となります。

次の光信号を探査船が送るとき、自由落下する探査船はより星に近づいていて、1秒前より速い速度で落下しています（自由落下運動は速度がどんどん速くなる加速度運動です）。たとえば秒速10万キロメートルで落下しているとしましょう。光信号の速さは、探査船から見ると相変わらず秒速30万キロメートルです。一方、母船から見ると、光信号の速さは秒速20万キロメートルとより遅くなり、母船に届くまでの時間は500秒（1億キロメートルを秒速20万キロメートルで割った値）です。

したがって母船が受け取った2つの信号の間隔は、500−400＝100秒となります。探査船は「1秒」の間隔で光信号を送ったのに、母船では「100秒」の間隔で光信号を受け取っています。これは、重力が強い星の近くにいる人にとっての「1秒」が、星から遠く離れて重力の影響が少ない人にとっては「100秒」になる、すなわち時間の流れが100倍に遅くなっているということです。探査船が星により近づき、重力がより強くなるほど、母船から見た時間はどんどんゆっくり流れるようになります。

このように重力が強くなって「時間が曲がる」と、時間がゆっくりと流れるようになります。なお、以上の計算は事情を明確にするため極端に単純化していて正しくありません。じつは、探査船が落下していなくても、そこから出てくる光の速さは遅くなるのです。これはすぐ後で述べる空間の曲がりのせいです。いずれにせよ探査船がより星に近づくと、探査船内の「1秒」が母船ではどんどん長くなっていくことは変わりありません。

探査船の速度が光の速さに達すると?

話をさらに進めましょう。星に近づくほど、探査船の落下速度はどんどん速くなっていき、ついには光速度になってしまったとしましょう。このとき何が起こるのかを知るため、光速度になる1秒前に送った光信号と、光速度に達したときに送った光信号を考えましょう。どちらの光信号も探査船から見ると、母船に向かって秒速30万キロメートルで進んでいます。

では、母船から見た光信号の速さは、どうなるでしょうか。光速度に達する1秒前の探査船は、光速度よりほんのわずかだけ遅い速度で星に自由落下していきます。その探査船が放った光信号は、母船から見ると非常に遅い速度でゆっくりと進み、長い長い時間をかけてようやく母船に届きます。

しかし、その1秒後（探査船内での1秒後）に出した光信号は、母船から見ると、そこで止まっているように見えるでしょう。正確には、「止まった光」は母船に届かないので、母船からは光信号を「見る」ことはできません。いつまで経っても光信号が届かないということは、探査船にとっての「1秒」の時間経過が、母船では「無限」の時間経過になることを意味します。母船から見ると、探査船の落下速度が光速度に達したところでは時間の流れが止まり、時間が凍りつくのです。じつはそこがブラックホールの「表面」であり、この不思議な星はブラックホールだったのです。

探査船の速度が光速度を超える？

ブラックホールの表面は、時間が凍りつくところ、時間の流れが止まるところでした。この表面を、専門的には「事象の地平面」といいます。「事象」というのは相対性理論の用語で、出来事と思ってください。英語ではevent（イベント）といい、まさに出来事です。出来事はどんなことであれ、それが起こった「時刻」と「位置」を指定することが重要です。「いつ」「どこで」を決めることは、時空の中の1点を指定することに対応します。要するに事象とは「時空の中の1点」です。

ではなぜ、ブラックホールの表面を事象の地平面と呼ぶのか、それを理解するためにブラックホールの中に落ち込んだ探査船をもう少し追ってみましょう。

自由落下する探査船の落下速度はどんどん速くなっていきます。表面で光速度に達していたのですから、表面を通過してブラックホールの「内部」に入れば、光速度を超えるでしょう。しかし特殊相対性理論は「光速度を超える運動は存在しない」ことを前提にしている、と以前に説明しました。ならば、ブラックホールは特殊相対性理論に矛盾した存在なのでしょうか?

その答えは「矛盾していない」です。理由は「探査船が動いていないから」です。

探査船は、遠方の母船に対しては、確かに動いています。しかし探査船がブラックホールに向かって自由落下しているとき、実際に動いているのは探査船でなく、「空間」ととらえるべきなのです（正確にいえば「時空」ですが、イメージしにくいので「空間」としておきます）。ここでいう空間とは、重力が消えていて特殊相対性理論が成り立っているとみなせる空間の小さな領域（正確には時間と空間の小さな領域）です。

空間が動いていることは「動く歩道」（水平型エスカレーター）をイメージすればよいでし

ょう。動く歩道がまさに空間（動く空間）に相当します。動く歩道に乗っている人は、自分で歩かなくても動いています。そして特殊相対性理論は「空間の中を光速度以上で運動することはできない」としていますが、空間そのものが光速度以上で動くことは禁止していません。だから矛盾は生じないのです。

時空の曲がりを「ゴム膜」で考える

探査船がブラックホールに自由落下している様子は、より正確には「動く歩道」ではなく「下りのエレベーター」に乗っている状態といえます。下りのエレベーターに乗っている人は、歩かなくても下に動いていきます。つまりエレベーターが空間に相当するのですが、違う点は、このエレベーターは星からの距離が近くなればなるほど速い速度で下がっていくことです。

アインシュタインの一般相対性理論は、重力を「時空の曲がり」としてとらえる理論です。重力のない状態では、時空は曲がらずにまっすぐになっていて、そこでは特殊相対性理論が成り立ちます。そこに、たとえば星を「置く」と、星の周囲の時空が曲がるのです。

これを2次元の面で考えましょう。平らな面（平面）が、重力のない状態です。ここで、この平面は、ゴムでできた膜とします。その真ん中にボールを置くと、ボールがめり込んでゴム膜はへこみます。これが「時空の曲がり」です。

そのへこんだ部分に「下りのエレベーター」があると思ってください。ただしこのエレベーターは一定の速度で動くのではなく、ボールからの距離が近ければ近いほど速い速度で下がっていくエレベーターです。

さて、エレベーターに乗らず、ボールから距離を保っている人は、へこみの中心に向かって転がり落ちるような、引き込まれるような力を感じるでしょう。それが重力です。一方、下りのエレベーターに乗った人は、自由落下をしている人です。この人は重力を感じ

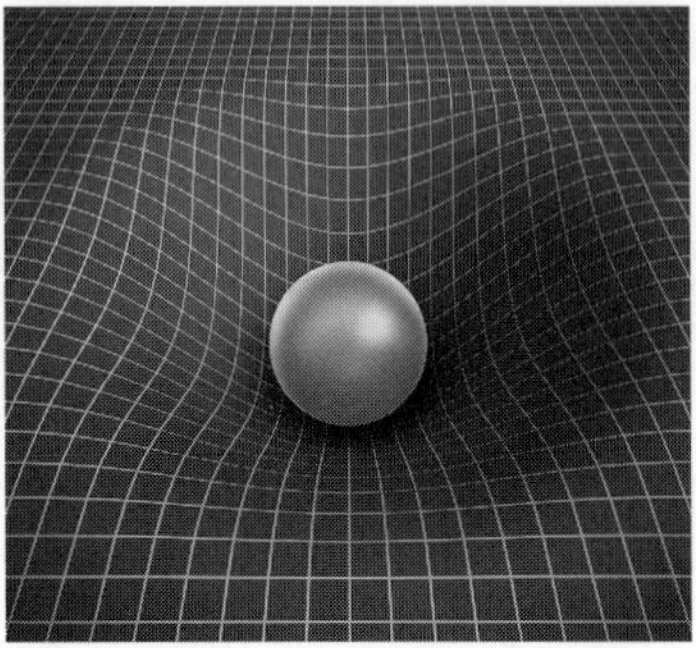

時空の曲がり　ボール（物質）を置くとゴム膜がへこむ（時空が曲がる）

ません。

2次元のゴム膜のへこみは、時空の曲がりというより「空間の曲がり」を表したものであり、ここでは空間の曲がりのイメージだけを話しました。ですが先ほど話したように、自由落下する人が放つ光信号のことを考えれば、へこみのある部分では時間がゆっくり進むこと、つまり「時間の曲がり」についてもイメージできるでしょう。

そして、ラプラスとミッチェルの考えた星は「遠くから見ると、重力があるところでは光

の速度が遅くなり、時間はゆっくり進む」ということを考慮していません。ここがブラックホールとまったく異なる点です。

探査船が落下していなくても、そこから出てくる光の速さは遅くなるという話をしました。ここでその理由がわかります。探査船が落下していなくても、空間が落下しているのです。探査船が落下しているから外向きに出した光が遅くなるわけではなく、空間が落下しているから遅くなったのです。

ブラックホールの内部は「無限の未来の、そのまた未来」

さて、ブラックホールの表面とは、探査船の落下速度が光速度に達したところであり、これは「時空が光速度で中心に向かって動いている（落下している）ところ」になります。そして表面よりさらに内側では、空間は光速度以上で中心に向かって落下しています。

したがってブラックホールの内部で光を外向きに出しても、光が進む時空そのものが光速度以上で内向きに落下しているため、結果として光は逆に内向きに進んでしまいます。ものすごい速さで下がっていくエレベーターに逆らってそこを駆け上がろうとしても、逆にどんどん下がっていくような状態です。光より速く運動するものはないので、どんなものもブラックホールの中心に向かって落下せざるを得ないのです。

ブラックホールの内部に落ち込んでもなお、例の探査船は1秒間隔で光の救難信号を母船に向かって出し続けたとしましょう。しかし光はブラックホールの外向きには進めないので、残念なことにブラックホールの外にいる母船にはその信号は決して届きません。外の母船が受け取る探査船からの最後の信号は、探査船がブラックホールの表面を通過する直前に放たれたものであり、しかもそれが届くのは「無限に遠い未来」です。したがって母船にとってブラックホールの中の世界はいわば「無限の未来の、そのまた未来」のようなものです。

この世でもっとも速い光ですらブラックホールの内部から外向きに進むことはできないので、ブラックホールの中にいったん落ちたあらゆるものは、ブラックホールの外の世界に戻ることはできません。それどころか、ブラックホールの中で「止まっている」ことすらできません。どんなものであっても、どうあがいても、必ず内向きに、つまりブラックホールの中心に向かって落下を続けます。したがってブラックホールの表面を境目に、それを超えた「出来事」はどんなものであっても外側から見えなくなってしまいます。ちょうど地平線の向こうは見えなくなるようなものなので、ブラックホールの表面を「事象の地平面」というのです。

ブラックホールの内部は「空っぽ」だった！

先ほども話したように、ブラックホールの中では光ですら内向きにしか進めないので、どんなものも内部に向かって猛スピードで落下していきます。そしてブラックホールの中で物質は止まれず、ある場所に留まっていることはできません。

普通の天体では、それを作っている物質が内部に「詰まって」います。たとえば地球は中心に金属のコアがあり、外側はマントルが囲んでいます。太陽なら、内部はほとんど水素です。ではブラックホールはどうでしょうか？　もしブラックホールの内部に物質が「詰まって」いれば、その物質はその場所に留まっていることになります。しかし、ブラックホールの内部で、物質がある場所に留まることは許されません。したがって、ブラックホールの中には物質がありません。ブラックホールの内部は「空っぽ」の空間なのです。

ブラックホールは元の星の中心部がギューッと縮んでできることを最初に話しました。しかしブラックホールになってしまうと、その中に物質は存在できないのです。だとしたら、ブラックホールを作った物質やその後にブラックホールに落ち込んだ物質は一体どこに行くのでしょうか？　これはいまだに答えが見つかっていない現代物理学の「宿題」ですが、そのくわしい話はもう少し後ですることにします。

今もなお世界中の物理学者を悩ませ、同時にわくわくさせる（未知の問題へのチャレンジ、これほど楽しいことはありません！）、この不思議な存在は、どのようにして物理学の世界に登場したのでしょうか。いよいよ、今から90年前、ケンブリッジ大学留学への船上にいたインドの20歳の青年の話を始めましょう。

15歳で大学に入学したチャンドラセカール

前に述べたように、現代的なブラックホールの研究は、1930年、インドの20歳の若者の思いつきから始まりました。それから半世紀後にノーベル物理学賞を受賞することになるその青年の名前は、スブラマニアン・チャンドラセカール（1910〜1995）といいます。

チャンドラセカールは1910年、当時イギリス領だったインド北部のパンジャブ地方の町ラホール（現在はパキスタン領）で、上流階級バラモン（司祭）の家の長男として生まれました。父親の転勤によって南インドの大都市マドラス（現名称チェンナイ）に移り、15歳の若さでマドラス大学に入学します。

ところで彼の叔父は、1930年に「ラマン効果」（物質にある波長の光を当てた時、その散乱光の中に別の波長の光が含まれる現象）の発見でノーベル物理学賞を受けるチャンドラセカール・ラマン（1888〜1970）でした。偉大な叔父の影響からか、彼は大学で物理を専攻します。さらに叔父はこの優秀な甥に、当時の天文学の権威だったイギリスの天文学者・物理学者アーサー・エディントン（1882～1944）の『恒星の内部構造』（1926年）という教科書を与えました。チャンドラセカールはこの教科書を熟読し、星の内部構造について強い関心を持つようになりました。

そしてもう1つ、彼が深く興味を抱いたものがありました。それは当時の物理学の最先端理論だった、ミクロの世界を支配する法則である「量子力学」でした。

スブラマニアン・チャンドラセカール

ミクロの存在「量子」の不思議な性質

原子、あるいはそれよりももっと小さい電子や陽子のようなミクロの存在は、「量子」と呼ばれ、非常に不思議な性質を持っています。その量子の不思議な性質を明らかにしたものが量子力学です。

普通の物質は、私たちがその物質を観測していないとき、ある時刻に「どこか1ヵ所」に存在しています。ところがミクロの存在である量子は、私たちが観測していないときには、ある時刻に「いろいろな場所」に存在するのです。

たとえば、箱の中に電子を1個閉じ込める実験をしたときのことを考えましょう。話を簡単にするため、箱は2つの部屋に仕切られているとして、それぞれをA、Bとします。電子は量子なので、箱が閉じられていて内部を見られない時（私たちが観測する前）、電子はミクロの粒子であるのにもかかわらず「2つの部屋に広がって存在している」と量子力学では考えます。これを「電子の波」といいます。波はある1ヵ所に存在するものではなく、さまざまな高さ（振幅）で広がって存在しています。そして「シュレディンガー方程式」という量子力学の基本方程式を使うと、波になった電子の振幅を求めることができます。たとえば部屋Aの電子の波の振幅は、部屋Bでの電子の波の振幅よりも高い、といったことがわかります。

次に、この箱を開けて中を観察してみましょう。すると電子は2つの部屋のどちらかで見つかります。ただしA、Bどちらの部屋で見つかるかを事前に正確に予言することはできません。その代わりに、電子がどちらで見つかるかを確率的に予言することができます。電子の波の振幅が大きい（波が高い）場所の方が、見つかる確率が高いのです。部屋Aの電子の波の振幅が、部屋Bの電子の波の振幅よりも高い場合、部屋Aで見つかる可能性の方が高いのです。ただし、確率は低くても、部屋Bで見つかる可能性もあり、1回の観測で実際にどちらで見つかるかはまったく偶然に決まるのです。

電子に限らずミクロの粒子は、私たちに観測される前はいろいろな場所に「波」のように広がっていて、私たちに観測されたとたんに波が収縮して「粒」となってどこか1ヵ所で見つかります。量子は「粒であり、波である」という不思議な二面性を持った存在なのです。

白色矮星はなぜ自身の巨大な重力でつぶれないのか？

チャンドラセカールもこの不思議な量子力学に興味を持ちます。そして非凡なことに、18歳で量子力学の応用に関する論文を書き、ケンブリッジ大学のその分野の専門家ラルフ・ファウラー（1889〜1944）に送りました。その論文はファウラーに評価され、イギリスの雑誌に掲載されたのです。さらに1930年、インド政府から3年間の奨学金を得て、ファウラーの推薦でイギリスのケンブリッジ大学トリニティーカレッジの研究生となります。当時は大学院という制度がなく、指導教官について研究するのが研究生というものでした。

ファウラーは1926年、白色矮星の構造を明らかにしていました。白色矮星とは、太陽程度の質量があるのに、その大きさは地球程度しかないという極端に密度の高い星です。この小さな星は、太陽の8倍程度よりも軽い星の最期の姿、いわば星の死骸です。太陽も数十億年後には白色矮星となって、長い一生を終えることになります。では、白色矮星はもはや死んでしまったつまらない星かといえば、まったくそんなことはありません。

これも以前述べたように、星の重力は質量が大きいほど、そしてサイズが小さいほど強くなります。地球ほどの大きさしかないのに太陽ほどの質量を持つ白色矮星は、重力が極端に強くなります。星が星でいられるためには、自分自身の重力を支える圧力が必要です。しかし1920年代までは、白色矮星がどんな圧力で自身の巨大な重力を支えて、つぶれずにいられるのか、皆目わかっていませんでした。ファウラーは、その圧力の原因を量子力学に求めたのです。

ミクロの粒子には「フェルミオン」と「ボソン」がある

量子力学によると、電子や光子のようなミクロの粒子は大きく「フェルミオン」と「ボソン」の2種類に分かれます。この2種類の粒子は、それぞれまったく違ったふるまいをします。

フェルミオンは「物質を作っている粒子」です。原子は原子核と電子からできていて、原子核は陽子と中性子の集まりです。これら陽子、中性子、電子はみなフェルミオンです。

一方、ボソンはフェルミオンの間に働く「力」の原因となる粒子です。たとえば原子核と電子の間には電気的な力（電磁気力）が働いています。原子核を構成する陽子と中性子のうち、陽子は正の電荷を持ち、電子が負の電荷を持っているため、電磁気力が働いて、原子核と電子は引き合って原子を構成しているのです。この現象を「量子」のレベルでより細かく見ると、電荷を持った粒子の周りには「光子」という微粒子の「雲」があって粒子を取りまいています。この光子はボソンであり、電磁気力の源となっている粒子です。

量子力学では、光は光子というミクロの粒子の集まりだと考えます。そして光子の「雲」とは、光子が雲のように薄く広がっているのではなく、私たちに観測される前の光子が「いろいろな場所に存在している（波のようになっている）」ことを指しています。量子は「粒と波の二面性を持っている」ことを思い出してください。電荷を持った２つの粒子が近距離にくると、お互いの光子の雲が重なり合って、「光子の交換」が起こります。それが引力として２つの電荷を結びつけるのです。こうしてフェルミオンである電子と陽子は、ボソンである光子を交換する（やり取りするともいいます）ことで互いに引きつけ合い、その力を電磁気力というのです。

また、原子核の中では「核子」（陽子と中性子の２つをまとめてこう呼びます）同士が「核力」と呼ばれる力で結びついています。核子の周りを「パイ中間子」という名前の粒子の雲が取りまいていて、核子が近づくとパイ中間子の雲が重なり合うことでパイ中間子を交換し、核子同士をひと塊として結びつけているのです。

このように量子力学では、電磁気力は光子をやり取りすることで伝わり、核力はパイ中間子をやり取りすることで伝わると考えます。光子もパイ中間子もボソンです。

フェルミオンの不思議な性質が巨大な圧力を生む

さて、フェルミオンには「パウリの排他律」と呼ばれる不思議な性質があります。じつはその性質によって、白色矮星の内部で巨大な圧力が生じているのです。

私たちが日常生活で知っている物体は、たとえば自動車でもサッカーボールでも、その速度が光速度以下であれば、どんな値のエネルギーを持っていてもかまいません。たとえば、自動車にエネルギーを与えれば（ガソリンを燃やせば、EVならバッテリーから電気をとりだせば）、自動車はどんどん速度を上げていきますが、その速度は「時速40…41…42キロメートル…」というように、滑らかに上がっていきます。

ところが、ミクロの粒子である「量子」は、ある間隔の「飛び飛び」のエネルギーの値しか持つことができません。先ほどの自動車の例のようにいうなら、40や50という飛び飛びの速度になることはできますが、41や45という半端な値を取ることはできないようなものです。これを「エネルギーの量子化」といいます。「ミクロの粒子は、飛び飛びのエネルギーしか持てない」ことも、量子力学が明らかにしたことです。

ミクロの粒子が取り得る「飛び飛び」のエネルギーを「エネルギー準位」といい、一番低いエネルギー準位の状態を「基底状態」、次にエネルギーの高い状態を第1励起状態、次を第2励起状態と呼びます。そしてミクロの粒子がどこかのエネルギー準位の状態にあることを「エネルギー準位に入る」といういい方をします。あらかじめ指定された席に着くようなイメージです。

そしてこのエネルギー準位への入り方が、ボソンとフェルミオンではまったく違うのです。同じ種類のボソンは、同じエネルギー準位に何個でも入ることができます。一方、同じ種類のフェルミオンは、1つのエネルギー準位に1個しか入ることができません。先ほども話したように、フェルミオンには陽子や中性子、電子などの種類がありますが、同じエネルギー準位には1つの電子しか入れない、つまりある1つのエネルギーの値を取れる電子はただ1つしか存在できないのです。

この性質を「パウリの排他律（または排他原理）」といいます。パウリとは量子力学の建設に貢献したオーストリアの物理学者の名前です。ヴォルフガング・パウリ（1900〜1958）は素粒子

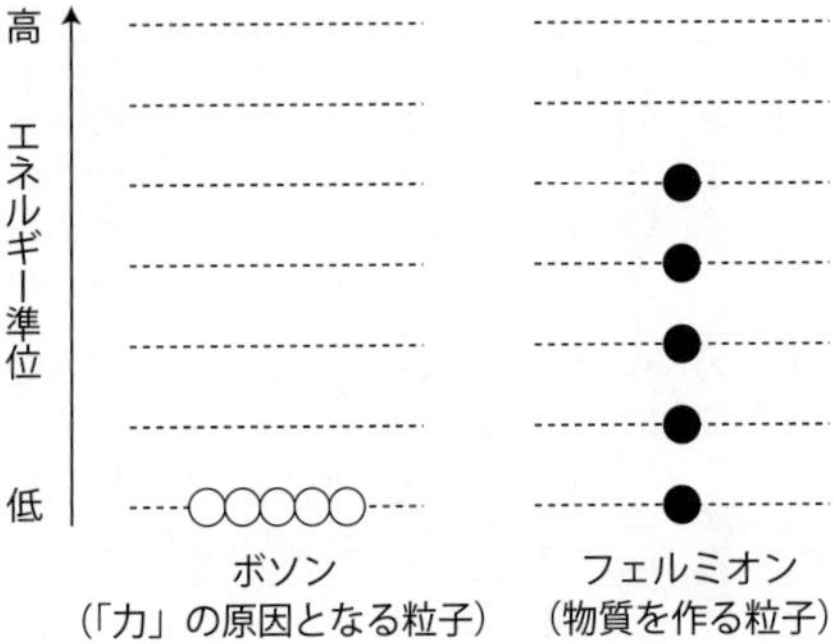

パウリの排他律　ボソンは複数の粒子が同じエネルギー準位（エネルギーの値）をとることができるが、フェルミオンは1つのエネルギー準位に1つの粒子しかとることができない

の1つであるニュートリノ（電子の仲間であり、電荷を持たず、何でも通過する幽霊のような粒子）の存在を予言したことでも有名です（なお、フェルミオンには「スピン」と呼ばれる性質があって、そのスピンは2つの値をとることができます。そしてスピンの値が別のものは、別のフェルミオンとみなします。したがってスピンの値を考えると、1つのエネルギー準位に2つの同種のフェルミオンが入ることになります）。

このパウリの排他律が、白色矮星の重さを支える原因なのです。白色矮星の中ではフェルミオンである電子が非常に圧縮された状態にあります。このとき、電子は勝手なエネルギー準位に入ることはできず、最低エネルギー状態に2個、第1励起状態に2個、第2励起状態に2個というように、エネルギーの低い準位から順に次々に2個ずつエネルギー準位を占めていきます。このような状態を「縮退」といいます。

縮退した電子の集団は、それ以上圧縮しようとして電子同士を近づけると、あたかも自分の席を取られまいとして互いに反発するように、激しく運動を始め、その運動によって巨大な圧力が生まれます。量子力学的な性質に起因するこの圧力を「縮退圧」と呼びます。

ファウラーは白色矮星の内部で電子が縮退し、その縮退圧で自分自身の強力な重力を支えていることを突き止めたのでした。

恩師の理論の欠点に気づいたチャンドラセカール

量子力学についての説明が長くなりましたが、チャンドラセカールの話に戻りましょう。

マドラスからケンブリッジへの長旅の船上で、チャンドラセカールは自分を推薦してくれた恩師ファウラーの白色矮星の研究について考えていました。そして「あること」に気がついたのです。

ファウラーは暗黙のうちに、縮退した電子の運動の速度が光の速さよりも十分に小さいものとして、縮退圧を計算していました。そのため、白色矮星がどれだけ重くなって重力が強くなっても、縮退圧で支えられるという結論を導いていました。

しかしチャンドラセカールは、白色矮星内での電子の運動速度を実際に計算してみました。すると、電子は光速度の30％程度もの高速で動き回っていることがわかったのです。これほど大きな速度で運動する粒子に対しては、ニュートン力学ではなく特殊相対性理論で扱う必要があります。そこでチャンドラセカールは、特殊相対性理論を用いて縮退圧を計算してみました。

すると縮退圧で支えることができる白色矮星の質量には限界があることがわかりました。縮退圧は、重力に対する「最後の砦」でした。しかしこの限界質量を超えた白色矮星は、縮退圧でも自分自身の重力を支えきれず、つぶれてしまうのです。この限界質量は今日「チャンドラセカールの限界質量」と呼ばれていて、星の自転などの影響がない場合は太陽質量の約1・46倍となります。

アーサー・エディントン

チャンドラセカールを認めなかったエディントン

この成果を得て、チャンドラセカールは意気揚々とケンブリッジに乗り込み、論文を発表しました。そんな彼を待ち受けていたのは、大きな失望でした。彼の論文は多くの天文学者たちからまったくといっていいほど関心を持たれなかったのです。

特に失望したのは、エディントンの態度でした。大学時代にエディントンの星の教科書を勉強したチャンドラセカールは、エディントンだけは自分の論文を認めてくれると思っていたようです。ところが、当時の天文学界でもっとも権威があり、しかも自他ともに認める星の専門家だったエディントンは、チャンドラセカールの論文を無視するどころか、積極的に反論したのです。

エディントンは、チャンドラセカールの結論が理解できなかったわけではありません。むしろ、その結果を十分すぎるほど理解していました。ですが、もし本当に限界質量以上の白色矮星がつぶれてしまうと、無限に小さい領域に大量の物質が詰め込まれてしまいます。このことと一般相対性理論を合わせると「とんでもないこと」が起こると予想できたのです。

エディントンは、当時としては数少ない一般相対性理論の専門家でした。英語圏で最初に一般相対性理論の重要性を認め、早い時点で英語の教科書まで書いて一般相対性理論を広めた人物です。その一般相対性理論によると、重力とは時空の曲がりでした。チャンドラセカールの結論を認めると、星がつぶれるにつれて物質の密度も時空の曲がりもどんどん大きくなって、最終的に物質は無限に圧縮され、時空も無限に曲がってしまうでしょう。空間や時間の概念すら破綻してしまうかもしれません。

物理学では「無限（大）」という存在を認めることができません。数式の中に無限大が出てくると、正しい計算ができなくなるのです。一般相対性理論の正しさを信じていたエディントンは、その帰結として「無限大」が現れることが受け入れがたかったのでしょう。

中性子の発見と中性子星の存在予想

しかし、天文学者の多くとは違って、チャンドラセカールの結論を認めている研究者もいました。それは量子物理学者です。特に、デンマークの首都コペンハーゲンの研究所（のちのニールス・ボーア研究所）のニールス・ボーア（1885〜1962）をはじめとした量子物理学者たちは、チャンドラセカールを支持しました。じつはチャンドラセカールは、ケンブリッジの研究生の頃にコペンハーゲンに1年間留学していたのです。彼らは、それがいかに不思議なものであったとしても、チャンドラセカールの結論を疑うことはありませんでした。なぜならそれは、量子力学と特殊相対性理論から導き出されたものだったからです。

さて、1932年、イギリスの実験物理学者ジェームス・チャドウィック（1891〜1974）は陽子とほぼ同じ質量を持ち、電荷を持たない未知の粒子を発見しました。この粒子が中性子です。そしてこの直後に、旧ソビエト連邦の物理学者ドミトリ・イバネンコ（1904〜1994）とドイツの量子物理学者ウェルナー・ハイゼンベルグ（1901〜1976）の2人の物理学者はそれぞれ独立に、原子核が陽子と中性子からできていることを示しました。

中性子の発見は、原子核の構造の解明ばかりでなく、天文学にも新しい展開をもたらしました。1933年、スイスのフリッツ・ツビッキー（1898〜1974）とドイツのウォルター・バーデ（1893〜1960）の2人の天文学者は、ほぼ中性子だけでできた「中性子星」が存在し、その星は「超新星爆発」によってできるはずだという説を提唱しました。超新星爆発とは、太陽より8倍程度も重い星が、その一生の最後に起こす大爆発です。太陽の8倍程度よりも軽い星は、超新星爆発を起こさずに、中心部がゆっくりと収縮しながら冷えて白色矮星になります。

オッペンハイマーらによるブラックホールの「発見」

その後、旧ソビエト連邦の物理学者レフ・ランダウ（1908〜1968）やアメリカの物理学者ロバート・オッペンハイマー（1904〜1967）が中性子星の構造を研究します。中性子星は太陽程度の質量を持っているにもかかわらず、半径が10キロメートル程度しかありません。白色矮星よりも100分の1も小さい、さらに高密度の天体です。

ロバート・オッペンハイマー

星の表面での重力は、質量が同じ場合、サイズ（半径）が小さいほど強くなります。白色矮星も中性子星も、ともに太陽程度の質量です。地球の脱出速度、つまり地球の重力を振り切るのに必要な速度は秒速約11キロメートルでした。それに対して地球程度の半径しかない白色矮星の脱出速度は秒速約7000キロメートル（光速度の2％程度）、そして中性子星の脱出速度は秒速約13万キロメートル（光速度の約40％）にも達するのです。

そんな強い重力を持った中性子星を支えているのも縮退圧です。ただしこのとき縮退するのは電子ではなく、中性子です。中性子星の内部では、陽子が電子を吸い込んで中性子に変わり、電子が無くなっているのです。中性子の縮退圧は電子の縮退圧よりもずっと大きいので、より大きな重力を支えることができます。

しかし中性子星も縮退圧で支えることができる最大質量があります。それを超える質量の場合、中性子星は自分自身の重力に耐えることができず、つぶれてしまいます。これを「重力崩壊」といいますが、１９３０年代には重力崩壊がどこかの段階で止まるのか、あるいは際限なくつぶれるのか明らかではありませんでした。中性子星が重力崩壊するような巨大な重力を扱うには、ニュートンの重力理論ではなく一般相対性理論が必要です。

１９３９年、オッペンハイマーと彼の学生だったハートランド・スナイダー（１９１３～１９６２）は、一般相対性理論のアインシュタイン方程式を重力崩壊という状況に適用して計算を行いました。彼らは完全に丸い星が、その形を保ったまま重力崩壊するという非常に単純な状況を考え、星を作っている物質についても、圧力がなく、星の中で凸凹がなく分布しているという簡単な仮定をしました。その結果、重力崩壊が際限なく続くこと、そして星がある半径になったとき、表面から出た光は遠方の観測者にとって静止していること、その半径以内に縮んだ星は外部から見えなくなることを発見したのです。当時はまだ「ブラックホール」という言葉はありませんが、彼らはまぎれもなく、ブラックホールができることを発見したのです。

ブラックホールを表す「解」を見つけていたシュワルツシルド

しかし、ブラックホールの存在を決して認めない著名な物理学者がいました。それはなんと、一般相対性理論の生みの親であるアインシュタインでした。1939年、オッペンハイマーたちの研究の数ヵ月前に、アインシュタインは「ブラックホールは存在しない」という内容の論文を書いていたのです。

そもそも一般相対性理論の基本方程式であるアインシュタイン方程式を解いて、ブラックホールを表す解が導かれることは、1916年に明らかになっていました。ただし、当時はそれがブラックホールを表すものだとは思われていませんでした。この解を発見したのはドイツの天文学者カール・シュワルツシルド（1873〜1916）であり、「シュワルツシルド解」と呼ばれています。

シュワルツシルド解が表しているのは回転していない丸い形のブラックホールで、「シュワルツシルドブラックホール」と呼ばれています。この解が表す空間は、中心からある半径の内側では非常に不思議な性質を持っています。たとえばその半径より外側での運動は、どの方向にも進むことができます。しかし、その半径の内側ではどんな運動も中心方向に近づき、中心から遠ざかることは決してありません。空間的に「一方向」の動きしか許されなくなるのです。一方、その距離の内側では、時間的に「過去から未来へ」という一方向の動きだけでなく、「未来から過去へ」という動きも許されるようになります。つまりその半径より外側と内側では、時間と空間の性質が入れ替わってしまうのです。

現在ではこの半径のことを「シュワルツシルド半径」と呼びます。その実際の値は質量によって決まり、太陽質量では約3キロメートルとなります。太陽の半径は約70万キロメートルですから、普通の恒星に比べると非常に小さな半径です。シュワルツシルド自身は自分が発見した解のこの不思議な性質に気がついていたかもしれませんが、星の内部ではそもそも自分の解が適用できると思っていなかったのでしょう。

ブラックホールを否定する論文を書いたアインシュタイン

アインシュタインはシュワルツシルド本人から送られてきた手紙でシュワルツシルド解の発見を知り、これを非常に高く評価しました。しかし、そんな小さな半径の星は実際に存在するはずがないとして、シュワルツシルド解が示す不思議な空間、つまりブラックホールの存在はやはり非現実的と考えていました。

そしてチャンドラセカールの結果を知っても、アインシュタインはブラックホールの存在を信じることができず、ブラックホールは存在しないという論文を書いたのです。この論文では、質量を持った多数の粒子が球状に集まって回転しているという状況が考えられました。粒子同士の重力によって、この集団はだんだん小さくなっていきます。すると回転の速度が速くなっていきます。しかし回転速度が光速度になると、それ以上速く回転できないために集団全体としての収縮もその時点で終わり、それ以上つぶれてブラックホールになることはない、というのがアインシュタインの結論でした。

オッペンハイマーたちと違ってアインシュタインは回転という効果を入れたのでより現実的といえますが、一方で粒子の集団の収縮がゆっくりと進むということを暗に仮定したものになっていました。より現実的な状況で、しかも急激な重力による収縮で何が起こるのかは、１９６０年代になってペンローズが登場するまでわからなかったのです。

なお、オッペンハイマーはその後、有名な「マンハッタン計画」に加わって原爆製造の指導者となり、第二次世界大戦後にはプリンストン高等研究所の所長となります。高等研究所にはナチスドイツの迫害を逃れたアインシュタインもいましたが、すでに両者ともブラックホールには興味がなく、ほとんど議論することもなかったようです。

アインシュタイン方程式をどう解くか？

ここで、時空構造を求める方法に興味がある読者のためにその意味を少し説明しておきましょう。それはアインシュタイン方程式を解くことなのですが、説明するにはアインシュタイン方程式をもう少し詳しく知る必要があります。方程式の基本的な構造は、ニュートンの重力理論と変わらないので、それから説明しましょう。

ニュートンの重力理論の方程式というと「万有引力の法則」の式を思い浮かべる方が多いかもしれません。2つの物体の間で働く、互いに引きつけ合う力（万有引力＝重力）は、2つの物体の質量の積に比例し、2つの物質間の距離に反比例する、というのが万有引力の法則です。

しかし現代的な観点では、物体（物質）がその周囲に重力場（重力ポテンシャル）を作り、重力場の中の物体はその重力場によって力（重力）を受けると考えます。これを表した方程式が左の図で示したものであり、ポアソン方程式と呼ばれます。「微分方程式」を知らない方には難しく思えるでしょうが、気にせず読み進めてください。

この方程式の左辺は重力場を微分（2階微分）したものです。これは「重力場という曲面の曲がり具合を示したもの」になっています。重力場を「地面（のへこみ）」と考えれば、へこみ具合が急なほど変化が大きいことになり、そこに物体があればへこみの中心に向かっ

$$\left(\frac{\partial^2}{\partial x^2}+\frac{\partial^2}{\partial y^2}+\frac{\partial^2}{\partial z^2}\right)\phi(x,y,z)=4\pi G\rho(x,y,z)$$

ϕ：ニュートンポテンシャル、または重力ポテンシャル
ρ：物質の質量密度（単位体積当たりの質量）

ニュートンの重力場の方程式（ポアソン方程式）

$$G_{\alpha\beta}=\frac{8\pi G}{c^4}T_{\alpha\beta}$$

G：重力定数　c：光速度

アインシュタイン方程式

てより速く落ちることになります。

一方、方程式の右辺は物質分布を表す量（質量の分布）を表しています。そして右辺が左辺とイコールで結ばれているということは、質量の分布が空間（3次元空間）に重力ポテンシャルというへこみを作り、へこんでいる方向（ポテンシャルの値の小さいほう）に向かって物体が落ちる、それが重力という力であるということを表します。

さて一般相対性理論では、時空の構造は「10個のポテンシャル」で表されます。したがってアインシュタイン方程式は、10個のポテンシャルに対する10本の微分方程式が複雑に絡み合った姿をしています。上の図で示した式は10本の微分方程式をまとめて表したものです。

一般相対性理論は時空そのものの変形（伸び縮み）を重力として表す理論ですが、4次元時空の変形の仕

方（これは4次元時空における2点間の距離を表す変数に相当します）は10個の関数で表すことができます。これが10個のポテンシャルであり、ニュートンの重力理論における重力ポテンシャルに相当します。

アインシュタイン方程式の右辺は、物質のエネルギーと運動量を表す量になっています。したがって、どこにどのような物質が分布していて、それらがどんな運動をしているのかを決められれば、右辺が決まります。

先ほど書いたように、微分とはポテンシャルのへこみ具合を表すものでした。したがって微分方程式であるアインシュタイン方程式を解くということは、右辺（物質のエネルギーと運動量）に一致するようにポテンシャルのへこみ具合を決めることです。

とはいえ、10個の関数を持つこの複雑な方程式を解くことは至難の業です。アインシュタイン自身、この方程式が解けるとは思っていませんでした。

激痛に耐えて従軍中に解を導いたシュワルツシルド

シュワルツシルドは、星の外側の時空を調べるために、まずアインシュタイン方程式の右辺をすべて0としました。星の外側には物質がないからです。物質がなければ時空は曲がらないと思うかもしれませんが、じつはそうではありません。ここがニュートン重力との違い

カール・シュワルツシルド

の1つです。ニュートン重力では物質がなければ重力は現れません。

さらに星は丸い形を保っているとして10個のポテンシャルの数は2つに減り、さらにそれらのポテンシャルは原点からの距離だけの関数となります。そして最後にポテンシャルは星の遠くでは、ニュートンのポテンシャルに一致するとしました。遠くから見るとある質量を持った丸い天体があるということを表す条件です。

こうして2本の微分方程式を解いたのです。その解がシュワルツシルド解です。当時は第一次世界大戦のさなかで、この研究をしていた時、シュワルツシルドも将校としてロシアで従軍していました。それだけでも驚きですが、この時シュワルツシルドは自己免疫不全による激痛を伴う皮膚病にかかっていたのです。シュワルツシルドはこの発見をアインシュタインに手紙で知らせ、アインシュタインを通して論文として発表されました。しかし論文発表から4ヵ月後に、シュワルツシルドは42歳という若さで亡くなっています。

シュワルツシルドの発見した解は、現在の観点からは、ブラックホールを表す初めてのアインシュタイン方程式の解です。実際に彼の求めた解は、中心からある距離のところ（シュワルツシルド半径）で外向きの光の速度が

0となり、それはまさにブラックホールの表面に対応します。

しかし当時の誰も、その不思議な現象に関心を持ちませんでした。前にも述べたようにシュワルツシルド半径は、その天体の質量が太陽と同じ場合、たった3キロメートルになります。半径約70万キロメートルである太陽と同じ質量を持った、半径3キロメートルの星が存在するなどとは、どんな科学者でもまったく想像できなかったのです。

ブラックホールを表す解は全部で4種類

シュワルツシルド解は回転していない完全な球形のブラックホールを表します。ブラックホールにはその他に、完全な球形で電荷を帯びたもの、自転しているもの、電荷を持って自転しているものの4種類あることがわかっています。それぞれ1916年、1963年、1965年に発見されています。

回転がある場合のブラックホールの解を、発見者であるニュージーランドの数学者ロイ・カー（1934〜　）の名前をとって「カー解」といいます。ほぼすべての天体は自転しているので、ブラックホールも自転していると考えるのが自然です。カー解が現れて、初めてブラックホールが天文学の仲間入りをしたといっても過言でないくらい、カー解の発見は天文学界ではセンセーショナルな事件でした。ただし発見当時は、その解き方があまりに難しくて、真価を理解できた人は少なかったようです。
ブラックホールの解はいずれも、アインシュタイン方程式の「真空解」と呼ばれるもので、宇宙空間に何も物質がないと仮定して求められたものです。物質がある場合、アインシュタイン方程式を解くことはさらに難しくなり、現在ではスーパーコンピュータを使ってアインシュタイン方程式を解く研究が主流になっています。

多くの研究者がブラックホールを受け入れなかった理由

さて、オッペンハイマーたちは一般相対性理論に基づいてブラックホールの形成を論じましたが、それでも多くの研究者がブラックホールの存在を受け入れませんでした。それには大きく2つの理由があります。

まず1つは、中性子の縮退圧で支えられる重力に限界があることに異論はありませんでしたが、ほかのメカニズムによる圧力で超巨大な重力を支えられる可能性があったことです。中性子星の密度は1立方センチメートルあたり10億トンです。中性子星がつぶれだすと、さらに大きな密度となります。そんな超高密度で物質がどのようにふるまい、どんな圧力が生まれるかよくわかっていませんでした。

もう1つは、すでに触れたようにオッペンハイマーたちが計算するときの仮定が単純すぎたためです。中性子星に限らず、ほとんどの星は回転（自転）しています。星がつぶれて小さくなると回転がより速くなっていき、遠心力が生まれます。しかしオッペンハイマーたちは中性子星の回転を無視して、重力崩壊の最初から最後まで完全な球の形を保ち、中性子星の内部の物質はまっすぐに中心に向かって落下すると仮定したのです。もちろんこの仮定は現実的ではなく、星の回転で生じる遠心力によって、星は完全な球形を保てず、また内部の物質はさまざまな方向に落下するはずです。しかし、これ以上複雑な状況でアインシュタイン方程式を解くことは不可能だったのです。

以上の理由から、現実の宇宙で重力崩壊が起こった時、本当にブラックホールができるかどうかは誰にもよくわかりませんでした。

重力崩壊が起こる一般の状況は非常に複雑です。星の回転を無視したとしても、星の中の物質がすべて完全に中心の一点に向かって運動することはありえず、それぞれ少しずつ違う方向に落下するでしょう。すると物質は中心で衝突せずに、すれ違ってブラックホールになる前にまた外側に飛び去っていき、また戻ってきてということを繰り返して、結局ブラックホールにはならないという意見もありました。プリンストン大学で相対性理論のグループを率いていたジョン・ウィーラーのように、ブラックホールは形成されるという立場を取る物理学者もいましたが、大多数の物理学者は、問題が難しすぎて決定的な解決はできないと思っていたのです。

天才ペンローズの登場

この混沌とした状況は1964年、ペンローズによってそれまでの物理学の手法とはまったく違った方法で解消されました。

物理学者の問題を解決する方法は微分方程式を解くことです。アインシュタイン方程式も連立非線形偏微分方程式という微分方程式です。この微分方程式が解けるのは、求めるべき変数が時間によらないとか形状が丸いなど、簡単な状況を設定した場合だけです。現実的な重力崩壊に近い状況でアインシュタイン方程式を解くことは、スーパーコンピュータが発展した現在ようやく可能になりつつあります。

しかしペンローズは微分方程式を解くのではなく、「トポロジー」という数学的手法を用いました。その結果、物質のエネルギーや圧力がマイナスの値を取らないなどの現実的な条件を満たせば、回転していようが崩壊途中の形がでこぼこであろうが、ある段階まで重力崩壊が進めば、どんな状況でも必ず重力崩壊が際限なく続き、どこかで時空が終わってしまうことを証明したのです。厳密にいえば、どんな状況でも必ず事象の地平面ができてブラックホールになることを証明したわけではありませんが、ほとんどの状況でブラックホールが形成されることを証明したと受け取られています。

「柔らかい幾何学」トポロジーでブラックホールを考える

トポロジーとは「柔らかい幾何学」ともいわれるように、ある形の図形を「伸ばしたり縮めたり曲げたりしてできる」図形はみな同じものと考える幾何学です。たとえばトポロジーでは「球」と「直方体」は同じ形ですが、「直方体」と真ん中に穴が開いている「浮き輪」は別の形です。ペンローズは中心からある一定の距離の半径上で、そこから出る外向きの光と内向きの光で囲まれる時空領域の形を考えたのです。

これをイメージするため、まずは2次元で考えましょう（図A参照）。2次元の面上で、ある半径の円を考え、円の真ん中は重力でへこんでいるとします。そしてある瞬間に、その円周上のすべての点から光を外側と内側に向かって出します（光のボールを転がすイメージです）。すると外向きに進む「光の輪」と、内向きに進む「光の輪」の2つができるはずです。外向きに進む光の輪はどんどん大きくなり、内向きに進む光の輪はどんどん小さくなっていきます。そして真ん中にへこみがある（重力がある）ので、外向きに出た光の輪はへこみがない時に比べてゆっくりと大きくなります（光のボールが坂道を登ろうとして、重力によって速度が遅くなるため）。

図A

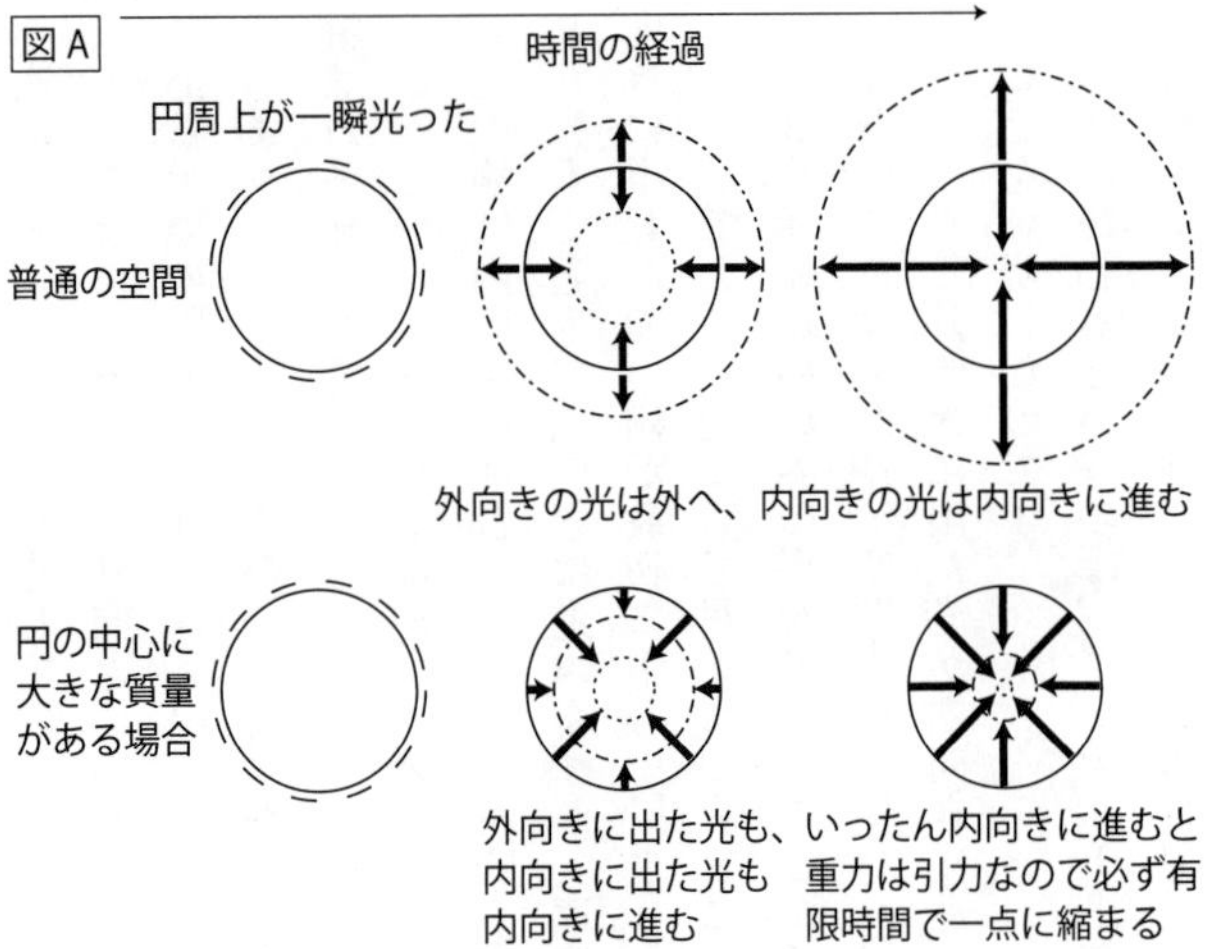
時間の経過
円周上が一瞬光った
普通の空間
外向きの光は外へ、内向きの光は内向きに進む
円の中心に
大きな質量
がある場合
外向きに出た光も、
内向きに出た光も
内向きに進む
いったん内向きに進むと
重力は引力なので必ず有
限時間で一点に縮まる

図B　時間方向へも考えると（空間２次元＋時間１次元）

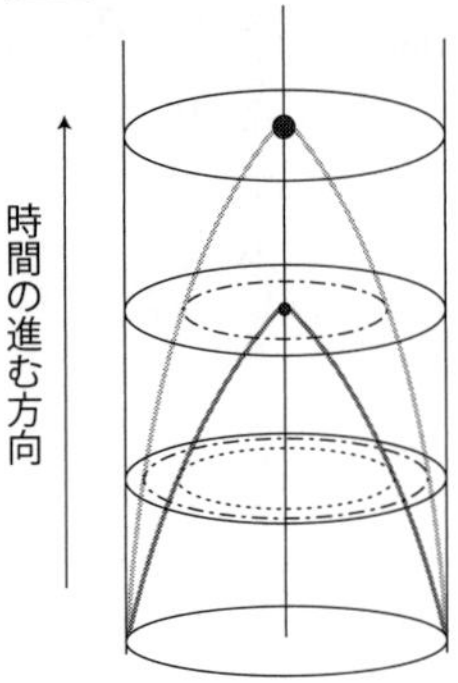
時間の進む方向

破線（-·-·）の円が外向きに進む光を、点線（……）の円が内向きに進む光を表す

また、薄いグレーの線が外向きに進む光を時間方向に結んだもの、濃いグレーの線が内向きに進む光を時間方向に結んだものになっている

この薄いグレーの線と濃いグレーの線で囲まれる時空領域について考えている

次に、最初の円を小さくしてみましょう。すると、その円周はへこみのより深いところにできることになるので、外向きに出した光が進む速さはどんどん遅くなります。そしてついにある半径の円では、外向きに出した光の輪が外向きには進めず、最初から内向きに進み始めるようになります。そのとき時々刻々、内向きに進んだ光の輪と外向きに進んだ光の輪で囲まれる領域を考えます。

ここで少しだけ想像をたくましくして「時間方向」を考えてください（図B参照）。2つの光の輪は内向きに進むと同時に、時間方向にも進みます。内向きに出した光も外向きに出した光も、ともに内向きに進みますが、速度が違う（内向きに出した光の方が速い）ので、内向きに出した光の輪が最初に中心に届き、その後で外向きに出した光の輪が中心に届きます。したがって2つの光の輪で囲まれた領域は空間方向2次元、時間方向1次元の3次元となり、この3次元領域の境界の形を考えることができます。

これに対応する時空（空間方向3次元、時間方向1次元）の領域をペンローズは考えることで、いったん外向きに出た光が内向きに進みだすと必ず有限時間の間に時空が終わってしまうことを証明したのです。

時空が終わるというのは、ブラックホールの中に落ち込んだ物体は有限の時間しか存在できないということです。ただし外の世界にいる人にとって、物体は無限の時間かかってブラックホールの表面にたどりつきます。有限の時間というのは落下している物体（あるいは人）が持っている時計で測った時間です。時空の存在が終わるところは、物質密度が無限に大きくなり、時空の曲がりも無限に大きくなります。そこはいわば「時空の果て」です。これを「特異点」、あるいは空間的な広がりが点に限らないので「特異領域」といいます。そして特異点がどんな状況で出現するかを示したペンローズの理論は「特異点定理」と呼ばれます。

それまでは、重力崩壊が起こっても、特異点はできないだろうというのが大多数の物理学者の意見でした。しかしペンローズの特異点定理は、一般相対性理論が成り立つ限り、特異点が必ず存在することを証明したのです。

この功績によって、ペンローズは2020年度のノーベル物理学賞を受賞しました。なおこの年に同時に受賞したのは、私たちの銀河中心に太陽質量の400万倍の巨大ブラックホールが存在することを、観測によって確実にしたアメリカとドイツの天文学者グループの2人のリーダーでした。銀河中心に存在する巨大ブラックホールについては、次の第2章でくわしく紹介します。

特異点を扱える物理法則は存在しない

その後、イギリスの物理学者スティーブン・ホーキング（1942〜2018）とペンローズは、一般相対性理論に基づいて、宇宙のはじめにもやはり特異点が存在することなどさまざまな条件で、時空に特異点が存在するという一連の特異点定理を証明しました。先ほどもいったように、特異点とは時空の「中」の存在ではなく、

スティーブン・ホーキング

そこでは時空が存在しないことを主張しています。

一般相対性理論は、時空の存在を前提として、その運動を記述する理論です。しかし一般相対性理論に基づいて特異点が考えられるということは、その理論自体が破綻することを予言しているのです。実際、現在の物理学では特異点を扱う理論は存在していません。

ギリシャ時代、神は「天上」の世界に住み、そこは「地上」とは別の法則が支配していると考えられていました。たとえば、地上の物体は落下運動のような直線的な運動をするのに対して、天上の星々は永遠に続く円運動を行うのだ、とされていたのです。

しかしニュートンによって、地上の世界と天上の世界は同じ物理法則に支配されていることがわかり、天上はもはや神の住処ではなくなってしまいました。そして物理学の発展によ

って、神の居場所はどんどん失われていったのです。でももしかすると、物理法則が支配できない特異点こそ、唯一神に残された住処かもしれません。実際、1975年にローマ教皇庁は特異点定理を「宇宙創造の神の存在を証明した」という理由で、ホーキングにピウス11世メダルを授与しています。

ところがその後すぐに、ホーキングは特異点すら物理法則で支配しようという試みを始めることになります。そうと知っていたらバチカンは、ホーキングにメダルを授与しなかったでしょう。

裸の特異点と宇宙検閲官仮説

ブラックホールの中に特異点が存在するという話をしてきましたが、特異点はそもそも時空ではないので、そのふるまいを支配する物理法則がありません。少なくとも現在、そのような物理法則があるのかないのかもわかっていません。一般相対性理論でいえる確実なことは、ブラックホールに落ち込んだ物質はとどまることができず、特異点でこの宇宙から消えてなくなることです。消えたままなのか、あるいは何か別のものが出てくるのかもわかりません。わからないことだらけの存在が特異点なのです。

このような特異点が、もしもブラックホールの中、すなわち事象の地平面の中ではなく、その外にあって、私たちから見えたとすると非常に困ったことになります。事象の地平面に覆われていない特異点を「裸の特異点」といいます。

物理学に限らず自然科学は、ある時刻にある条件（初期条件）で運動を始めたら、その後、何が起こるかは物理法則によって原理的には完全に決まるということを前提にしています。これを「因果律」といいます。しかし裸の特異点があると、そこは物理法則が支配できないところなので、どんな出来事が起ころうともそれを禁止することはできません。そうなると初期条件を決めても、裸の特異点で何かとんでもないことが起こるかもしれず、結果はまったく予想できなくなってしまうでしょう。これは物理学にとっては大問題です。しかし実際に、アインシュタイン方程式の解の中には、裸の特異点を持った時空を表すものが存在することがわかっています。

これを避けるためにペンローズは、現実に起こっている星の重力崩壊では特異点は常に事象の地平面で覆われているという仮説を立てました。この仮説を「宇宙検閲官仮説」といいます。存在すると非常に都合が悪い存在である特異点を、検閲官が検閲して私たちの目から隠しているのだ、というのです。ここでいう検閲官とは、何らかの物理法則のことです。ただし現在のところ、その物理法則は発見されていません。

「時空の量子揺らぎ」が時空を救う？

別の意見としては「裸の特異点はそれほど危険ではない」というものもあります。というのは、特異点定理は一般相対性理論に基づいて証明されていますが、一般相対性理論は時空の「量子揺らぎ」を考慮に入れていないのです。

素粒子レベルのミクロの世界では、すべての量が「揺らいで」います。「揺らぎ」というと、水面が波打つように、ある決まった位置を見ると何かの量（たとえば水面の高さ）が時々刻々と変動しているというイメージを持つと思います。しかしミクロの世界の揺らぎは、そうした揺らぎとはかなり違います。以前、量子力学の説明をした際の「粒子の存在確率」を思い出してください。これを今度は水面で例えてみましょう。ある位置・ある時刻で「高さの違う水面」が同時にある割合で存在していて、その割合が変動する、こうした揺らぎを「量子揺らぎ」といい、ミクロの世界で現れる特有の揺らぎです。

一般相対性理論での特異点とは、時空がつぶれて時空でなくなる現象です。そして時空がどんどんつぶれていき、ミクロのサイズになると、時空そのものの量子揺らぎは逆にどんどん大きくなると考えられています。その効果によって、時空が完全につぶれて特異点になることを防いでくれるのではないか、という期待があるのです。

ではこの時、時空がどのような形になっているのかは、現在の物理学ではわかっていません。しかし将来、時空の量子的なふるまいを支配する法則がわかれば、裸の特異点を怖がる必要もなくなることでしょう。

チャンドラセカールとエディントンの論争

1933年、博士号を獲得したチャンドラセカールは、研究員としてケンブリッジに残って研究を続けましたが、相変わらずエディントンはチャンドラセカールの研究を評価していませんでした。そしてその対立が決定的になる事件が起こりました。

1935年1月、イギリス王立天文学会の年会でチャンドラセカールは、限界質量を超えた白色矮星は中心の1点にまでつぶれてしまうという予想を発表しました。その直後の講演者はエディントンでした。その講演でエディントンは、チャンドラセカールの結論がいかに馬鹿げているかということを力説したのです。聴衆のほとんどは恒星の専門家ではありません。そしてエディントンは、誰もが認める恒星研究の第一人者で、チャンドラセカールは駆け出しの研究者です。聴衆がどのように受け取ったか、みなさんにも容易に想像できるでしょう。チャンドラセカールは聴衆の前で大恥をかかされたのです。

こうした出来事もあってヨーロッパに見切りをつけたチャンドラセカールは、1937年にアメリカにわたり、シカゴ大学ヤーキス天文台に職を得てアメリカに定住することになります。そして1952年から1971年までアメリカ天文学会の雑誌の編集長を務め、アメリカの天文学の進展に大きな寄与をしました。

第2章で述べますが、1960年代に「クェーサー」という超高エネルギー天体が発見され、さらに中性子星が発見されました。これらによって、ようやくブラックホールの存在が現実味を帯びて議論され始め、チャンドラセカールの研究が一般の天文学者にも認められるようになります。そもそも、1970年頃までは一般相対性理論の正しさですら認めていない天文学者もいたのです。

しかし1971年、はくちょう座X－1というブラックホール候補天体が発見され、ようやく多くの天文学者がブラックホールの存在を認めるようになりました。今やブラックホールは、宇宙の中で当たり前の存在であることが明らかになっています。このことが第2章のテーマとなります。そしてブラックホールの生みの親であるチャンドラセカールは1983年、「星の構造と進化にとって重要な物理過程の理論的研究」で遅すぎたノーベル物理学賞を受賞したのです。

第2章

ブラックホールの発見と観測

企業技術者の手による電波天文学の誕生

第1章では、物理学者たちが相対性理論や量子力学という当時の最先端の理論を使って、どのようにブラックホールという天体を考え出したのかという話をしました。この第2章では、物理学者の頭の中にあったブラックホールが実際にこの宇宙に存在していることを、その観測の歴史を通して紹介します。

1960年代、天文学ではまったく想像していなかった「大発見」が相次ぎました。それらの不思議な発見を説明するためには、それまで知られていた普通の星を想定したのでは難しく、理論家はブラックホールの存在を考えるようになったのです。ちなみにブラックホールという言葉が使われるようになったのは、第1章で話したように1967年頃のことで、それまで「重力的に完全に崩壊した星」とか「凍った星」という名前が使われていました。

いったいそれはどんな大発見だったのか、順を追って紹介していきます。キーワードになるのは「電波」です。

第二次世界大戦後、それまで軍事研究の一環として電波研究をしていた科学者が学術研究の分野に戻ってきたこともあり、電波を使って宇宙を観測する電波天文学が大きく発展しました。長い間、人類は肉眼で見ることができる範囲の電磁波（可視光）で宇宙を眺めてきましたが、19世紀末には人間の目では見ることができない電磁波が存在することがわかっていました。しかし宇宙の中に可視光以外の電磁波を出している天体が存在するという発想はなかなか生まれませんでした。無意識のうちに可視光で見る宇宙が宇宙そのものと思い込んでいたのでしょう。

その精神的なバリアが崩れ去ったのは、1933年のことです。「地球外起源と思われる電波擾乱」というタイトルでイギリスの科学雑誌Natureに発表された論文は、銀河系の中心方向からやってきた電波の報告でした。この電波の発見者は天文学者ではありません。電波通信の研究をしていたアメリカのカール・ジャンスキー（1905～1950）という企業技術者で、偶然の発見でした。しかしこの発見に興味を持った天文学者は少なかったようです。

ジャンスキーの研究を引き継いだのはグロート・リーバー（1911～2002）というアマチュア天文家で、彼は電波望遠鏡を自身で作り、天球の電波地図を作ったのです。その中にはいくつかの電波源（電波が強いところ）がありましたが、当時の電波望遠鏡は分解能

（離れた2点を区別する能力。人間でいう「視力」）が低く、大体の位置しかわかりませんでした。また天文学者でもなかったため、電波源の正体については皆目見当がつきませんでした。

電波源に見つかった謎の天体「3C48」

戦後、プロの天文学者が大挙して電波天文学に参戦します。観測面では大型の電波望遠鏡が作られて多数の電波源を見つけ、理論面では電波発生のメカニズムについての研究も進みます。たとえば磁場の中に高速の電子があると、電子は磁場に巻きつくように運動して電波を出すことがわかりました。

そして1960年、「3C48」（ケンブリッジ大学が作った3番目のカタログの48番目の天体という意味）という電波源の位置に、小さな青い星らしき天体がついに見つかりました。それまでは、そこから電波が来るということはわかっていても、そこに何らかの天体を見つけることはできていなかったのです。ところが、この星は天文学者がそれまで知っていたどんな星とも違っていました。

天文学者が天体の正体を解き明かすときに使う常套手段は、天体からのスペクトルをとることです。たとえば銀河の画像は、その中のたくさんの星や星間ガスからの光が混じったものです。銀河の画像を見ただけでは、どんな元素がどのような状態でどのくらいあるのかはわかりません。それを知るには、銀河からの光を波長ごとに分けて、それぞれの光の強さを測ればいいのです。これを分光といい、分光によって得られるものがスペクトルです。さまざまな元素はその元素に特有の波長で光を放射したり吸収したりするので、スペクトルをとればその天体の組成がわかり、そこからその天体の正体がわかるのです。

ところが3C48のスペクトルは、それまでに発見されたどの天体とも違っていました。さらにその明るさも1ヵ月ほどで変動していました。どの天文学者も皆目その正体がわからず頭を抱えていたのです。

謎の天体は高速で遠ざかっていた！

この謎を解いたのがオランダの天文学者マーテン・シュミット（1929〜　）でした。1963年、シュミットは3C48と同様の天体3C273の位置で見つかった、星のような天体のスペクトルの謎を解明したのです。

スペクトルの中で特に強い光を輝線といいます。シュミットはある日、この「星」（のように見える小さな天体）のスペクトル中の4本の輝線をながめて、何とかそれを理解しようと頭をひねっていました。そして突然、それらの相対的な位置関係が水素原子に特有であること、ただしそれらの波長がすべて本来観測されるべき位置より16％長い方にずれていることに気がついたのです。

このことは重要なので少し説明しましょう。救急車が近づくときと遠ざかるときでサイレンの音が違って聞こえることはよく知られています。近づくときは高く、遠ざかるときは低く聞こえます。これはドップラー効果として知られる現象です。音は空気の密度が高くなったり低くなったりする振動として伝わる現象です。この振動の周期（密度が高くなってから、また高くなるまでの時間、周期に音の速さをかけたものが波長）の違いを人間の耳は音の高低として聞き分けます。周期が短い振動は高い音、周期の長い振動は低い音に聞こえます。

さて救急車が近づくときはサイレンと聞く人の距離がどんどん近づいてくるので、サイレンからの空気の振動を受け取るときに周期が圧縮されて高い音に聞こえ、遠ざかるときには引き伸ばされて低く聞こえるのです。したがってもともと（運動していないときに出す）の音の周期がわかっていると、どのくらい音が低くなるか、あるいは高くなるかで、音源の速度がわかることになります。

電磁波も一種の波なのでドップラー効果が起こります。電波源が近づいてくるときに受け取る電波の周期（波長）は短く、遠ざかるときは長くなるのです。したがって3C273からの電波の波長が長い方にずれるということは、その天体が地球から遠ざかっていること、さらにそのずれが16%ということは、3C273が光速度の約16%もの速度で遠ざかっていることを意味します。それまでそんな高速度で運動している天体は知られていなかったので、これだけでも驚きですが、じつはさらに驚くべきことがあるのです。それを説明するには、宇宙が膨張していることを知る必要があります。

莫大なエネルギーを小さな領域から放つ「クェーサー」の正体は？

宇宙膨張というのは、空間が時々刻々拡大しているということです。とはいっても太陽と地球の距離が長くなっているとか、銀河系が膨らんでいるというわけではありません。宇宙膨張が見えるのは、数千万光年以上離れた2つの銀河の間の距離を観測した場合だけです。たとえば私たちの銀河系（天の川銀河）とアンドロメダ銀河の間の距離は約250万光年ですが、この2つの銀河はお互いの重力によって近づいています。このようにお互いの重力で結びついている場合には、宇宙膨張は無視できます。

さて宇宙膨張はそもそも、遠くの銀河ほど速い速度で遠ざかっているという観測結果から発見されました。これを発見者の名前をとってハッブル・ルメートルの法則といいます。ベルギーの聖職者で物理学者のジョルジュ・ルメートル（1894〜1966）がこの法則に気がついたのは1927年、アメリカの天文学者エドウィン・ハッブル（1889〜1953）が観測で確認したのは1929年のことです。この法則を適用すると、光速度の16%で

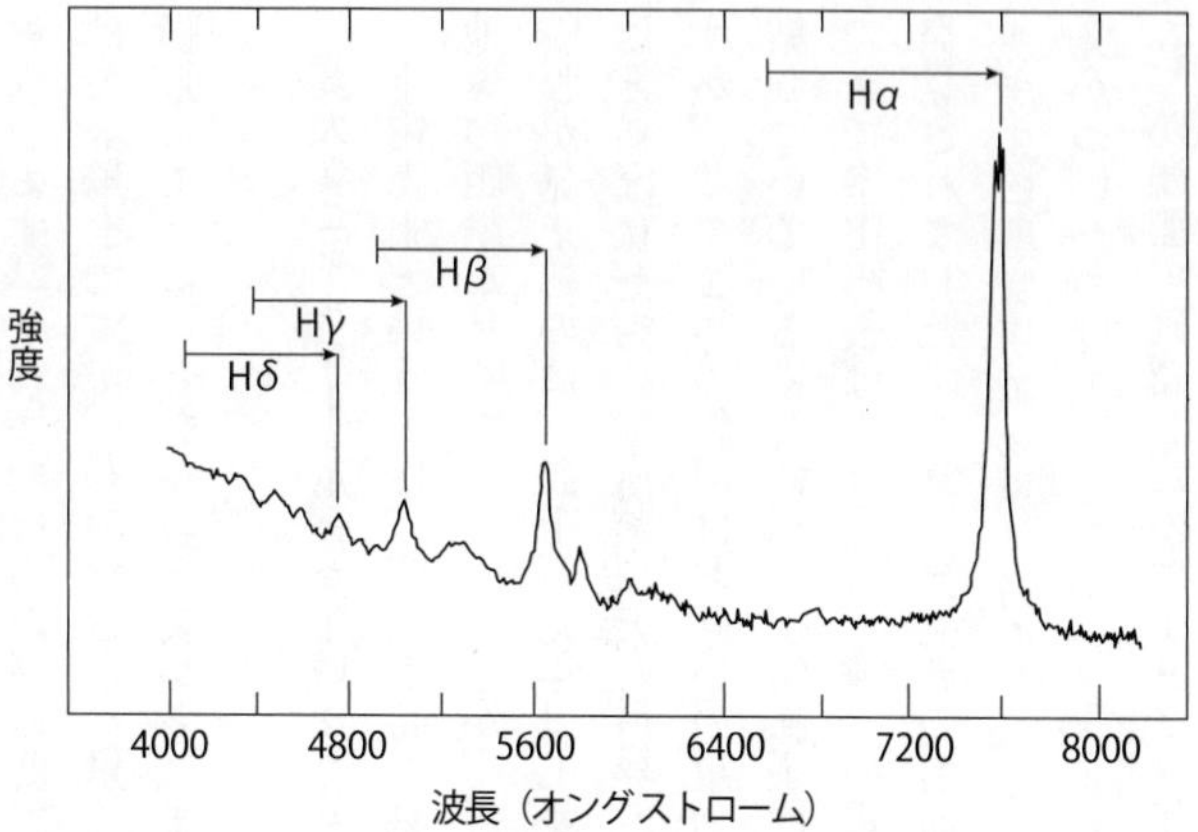

3C273のスペクトル　４つの輝線（Hα、Hβ、Hγ、Hδ）がそれぞれ16%ずつ引き伸ばされている。１オングストローム＝100億分の１メートル＝0.1ナノメートル

遠ざかっている３C273は、20億光年かなたの天体ということになります。

問題はここからです。

星のように見えた天体の明るさは13等級でした。たとえば私たちの銀河系を20億光年かなたから観測すると、18等級の明るさにしか見えません。１等級違うと明るさが約２・５倍、５等級違うと１００倍違うので、このことはこの星のように見える天体が銀河系の１００倍明るいということです。

しかもその明るさが１ヵ月程度で変動することもわかりました。このことは、その天体の大きさが１光月（光速度で１ヵ月に走る距離）程度であることを意味します。それ以上大きければ、天体の一部だけの明るさが変化するだけになって、全体の明るさはあまり変化しないことになるからです。太陽から一番遠い惑星の海王星までの距離は4光時（光で4時間）ですから、1光月というのはずいぶん大きな距離と思うかもしれません。しかし太陽系の果ては無数の彗星のような小天体が球殻上に分布した「オールトの雲」で、太陽から1光年程度まで広がっていると考えられています。したがって1光月というのは、太陽系にすっぽり入ってしまう大きさです。一方、銀河系は円盤のような形をしていますが、その円盤の直径は約10万光年程度です。3C273や3C48は、銀河全体から出るエネルギーの100倍を太陽系よりもずっと小さな領域から出している天体だったのです。

このように宇宙のかなたにあって星のようにしか見えない小さな領域から莫大なエネルギーを放出している天体を「クェーサー（Quasar）」（準恒星状天体：quasi-stellar の略）と呼んでいます。そしてクェーサーのエネルギー源として唯一想定できるのが、巨大な重力、それもブラックホールなのです。

ブラックホールの「降着円盤」が生むクェーサーの輝き

重力がエネルギーを生むメカニズムは、水力発電と同じです。水力発電は、ダムに水をためて大量の水を落下させ、タービンを回して発電機を動かすのです。高いところは低いところより重力が弱く、そのため高いところにあった物体が低いところに落ちると、落ちるにつれてどんどん落下する速度が速くなります。高ければ高いほど落下速度が大きくなります。このことを物理学では、位置（高さ）のエネルギーが運動のエネルギーに変わったといいます。要するに水力発電とは水の位置エネルギーを運動エネルギーに変える装置です。落下する水の量と高低差が大きいほど、大きなエネルギーを取り出すことができます。同じように、遠くから星の表面に物体を落下させれば、星に近づくほど物体の落下速度は速くなり、大きな運動エネルギーを持ちます。落下速度は、星の質量が大きいほど速くなり、また質量が同じでも星の半径が小さいほど速くなります。

観測されるクェーサーのエネルギーを重力エネルギーで説明しようとすると、太陽質量の1000万倍以上の質量が必要です。そんな莫大な質量を1光月程度の領域に閉じこめると、必然的にブラックホールになってしまいます。

このような考えから、1969年にイギリスの天文学者ドナルド・リンデンベル（1935〜2018）が、基本的に現在でも認められているクェーサーのメカニズムを提案しました。ブラックホールに物質が落下することでエネルギーを取り出すわけです。

しかし事はそう単純ではありません。まず物質は、ブラックホールに直接落下することはできません。物質はブラックホールに近づくにつれ、ブラックホールの周りをぐるぐる回るようになります。これはお風呂の栓を抜くとお湯が渦を巻きながら排水口に流れていくのと同じです。ただブラックホールの場合は、直接吸い込まれることはなく、ブラックホールの周りに高速で回転する円盤を作るのです。この円盤を「降着円盤」といいます。この円盤がタービンの役割を果たします。

円盤は内側ほど速く回転するため、円盤の内側と外側に速度差ができ摩擦が起こります。その摩擦熱によって円盤は内側では数千万度という高温となり、電波からガンマ線までの広い波長帯で大量の電磁波を放出するのです。ちなみに電磁波は波長の長い方から電波、赤外線、可視光、紫外線、X線、ガンマ線と名前がついていて、高温の物体ほど短い波長の電磁波を出します。

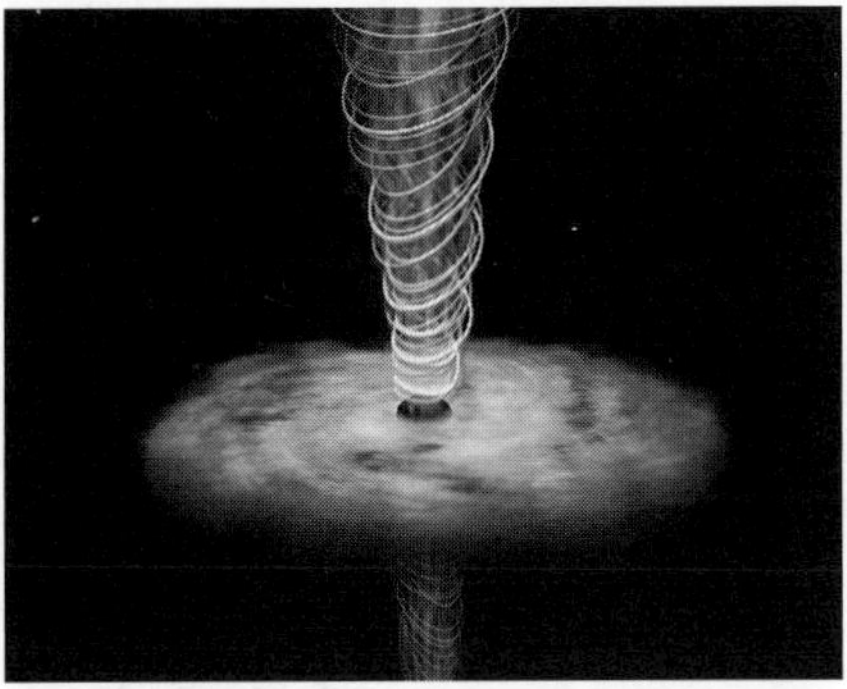

クェーサーの想像図　超大質量ブラックホールの周囲に降着円盤ができて、摩擦熱によって高温になった円盤からさまざまな波長の電磁波が放出される。また円盤に対して垂直方向にジェット（降着円盤のガスの一部が細く絞られて噴出するもの）が見られる

NASA

リンデンベルは、1年ごとに太陽1個分くらいの物質がブラックホールに飲み込まれ、その過程で質量エネルギーの1割程度に相当するエネルギーが電磁波に変わると仮定すれば、観測されるクェーサーの光度が説明でき

ることを示したのです。

1990年代、ハッブル宇宙望遠鏡の登場によって、クェーサーの輝きのためにそれまで見えなかった周りの淡い光が観測できるようになりました。この淡い光は、クェーサーの周りを取り囲む銀河の光です。つまり、クェーサーとは、銀河中心部の非常に狭い領域（中心核といいます）にある超大質量ブラックホールが引き起こす活発なエネルギー活動であることが確認されたのです。

現在ではほとんどの銀河の中心核に、太陽の10万倍から100億倍の質量を持つ「超大質量ブラックホール」があり、そのブラックホールに大量の物質が落下して降着円盤を形成した状況がクェーサーであると考えられています。私たちの銀河系の中心核にも太陽の質量の約400万倍の質量のブラックホールが存在することが確認されています。

正確な電波のパルス信号を出す「パルサー」の発見

続いてパルサーの発見の話題に移ります。これはブラックホールの親戚といえる天体で、1967年に発見されました。発見者は当時、電波天文学の研究をしていたケンブリッジ大学の大学院生ジョスリン・ベル（1943〜　）です。

当時、ベルは太陽風（太陽表面から噴き出す電荷をもった粒子の希薄な流れ）が宇宙からやってくる電波にどのような影響を与えるかの研究をしていました。その過程で正確に1・3秒という間隔でくる電波のパルス信号に気がついたのです。パルスとは「鼓動、脈動、振動」という意味です。これほど正確な周期で信号を出す自然現象は知られていなかったため、最初は宇宙人からの通信の可能性がまじめに検討されました。当時の漫画で登場した宇宙人が「緑の小人（Little Green Man）」と呼ばれたことから、この宇宙人もそう名づけられました。

しかしその後、半年の間に同じような電波源が2つも発見されたことから、宇宙人説はあっけなくくずれ、何らかの天体が出している自然現象と考えられるようになりました。これらの天体は、電波のパルスを出すことから「パルサー」と呼ばれています。

パルサーが天体であるとすると、その短く正確な周期の信号をどのように出しているのかを説明しなければなりません。天体で正確な周期運動といえば、公転運動か自転です。周期が1秒程度となると公転ではないでしょう。自転としても短すぎると思うかもしれません。実際、太陽の自転周期は緯度によっても違いますが、29日程度です。

しかし天体のサイズが小さくなれば、自転周期は短くなります。これはフィギュアスケートのスピンを見ればわかります。腕を折りたたんで小さくすることでより速く回転します。大きさが半分になれば自転の速度は2倍になり、周期は半分になるのです。

たとえば半径70万キロメートルの太陽を、質量はそのままで半径を1000キロメートルに縮めることができれば、その自転周期は1時間になるのです（自転周期約29日は約700時間なので、半径を700分の1にすれば、自転周期は約1時間になります）。実際、第1章で登場した白色矮星は、大きさが地球ほどで重さは太陽とほぼ同じくらいですが、その自転周期は数時間です。

パルサーの信号周期は1秒程度とさらに短いので、これが自転周期と関係があるとすれば、さらに小さな天体の存在を示唆しています。そのような天体の存在は、実は1933年に予言されていました。それは第1章でのべた中性子星です。

中性子星が電波パルスを放つしくみ

中性子星はほとんど中性子からできた星です。中性子は原子核の構成要素ですから、中性子星の密度は原子核の密度である1立方センチメートルあたり10^{15}グラム（10億トン）程度となります。白色矮星の密度は1立方センチメートルあたり10トン程度ですから、いかに高密度の星かがわかります。密度が高い分、その半径は小さくなり、太陽の質量でその大きさは何と半径10キロメートルほどとなります。このような小さな中性子星なら1秒程度の周期で自転することも可能です。

中性子星が短い周期の電波パルスを出すことができるのは、自転周期が短いことに加えて、

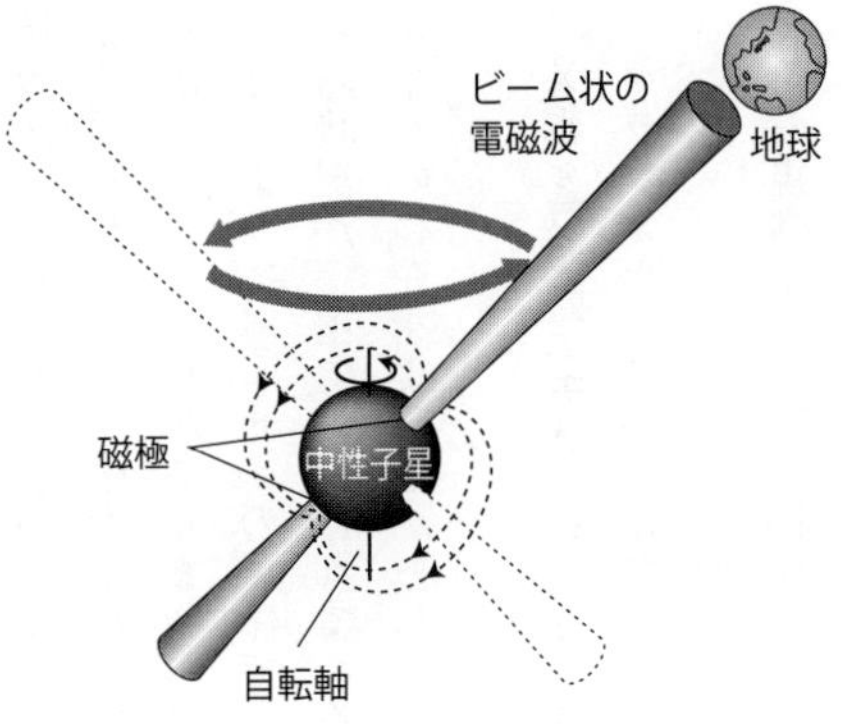

強い磁場を持っていることもその理由です。つまり中性子星は、強い磁場を持った磁石が超高速で回転しているようなものです。地球の場合もそうであるように、一般に天体の自転軸と磁極を結ぶ軸（磁石のS極とN極を結ぶ軸）は一致していないのが普通です。したがって中性子星は傾いた磁石が高速で回転しているものと考えることができます。

ただし中性子星の磁場の強さは、ふつうの棒磁石の数億倍です。そして磁場のS極とN極に向かって激しく電荷を持った粒子が集まってお互いに衝突し、細く絞られたビーム状の電磁波を磁場のS極やN極から放出するのです。したがって強力な電磁波ビームが中性子星の自転につれてあたかも灯台のように宇宙空間を掃いていくことになります。このビームの先に地球があれば、中性子星が1回転するごとにビームを受け取ることになります。これがパルサーの正体なのです。

さて、第1章で説明したように中性子はフェルミオンなので、中性子星は中性子の縮退圧で自身の強力な重力を支えている星です。これも第1章で説明しましたが、縮退圧で支えられる質量には「チャンドラセカールの限界質量」と呼ばれる最大質量がありますす。したがって、中性子星が形成される状況で、この最大質量よりも重くなれば、ブラックホールになるしかありません。

このようにパルサーの正体である中性子星が発見されたことで、超高密度の天体が形成される状況が宇宙で実現されていることがわかりました。このことは、宇宙の中でのブラックホールの存在をより確からしくしたのです。

X線を放つ謎の天体が発見される

ブラックホールが存在するのではないかという気運が盛り上がった1960年代後半、ついにブラックホールの有力天体が発見されました。その発見は「X線天文学」という当時の最新の観測によって行われました。

そもそも宇宙からX線がやってくるとは、ほとんどの天文学者は予想していませんでした。なぜならX線を放出するのには何千万度以上というとんでもない高温が必要だからです。もっとも高温の星でも、表面温度は数万度です。太陽の表面で起こる大爆発である太陽フレアや、超新星爆発などの激しい爆発現象ではX線は放射されますが、X線を出すほどの爆発現象は頻繁には起こっていないと思われていたのです。

しかしイタリア出身の物理学者ブルーノ・ロッシ（1905～1993）とリカルド・ジャコーニ（1931～2018）は「宇宙には我々の想像を超える天体があるはずだ」と考えていました。そして彼らの信念のもとに、1962年、最初のX線観測衛星が打ち上げられました。X線は大気に吸収されてしまうので、大気圏外に出て観測するしかないのです。はたして彼らの予想通りに、X線を放つ超高温天体「さそり座X－1」が発見されました。さそり座方向にあるX線を放つ天体で1番目に発見されたので、こうした名前が付けられたのです。

その後、X線を放つ天体がいくつか発見されましたが、その1つが「はくちょう座X－1」です。のちにこの天体は「ブラックホールであることが確実」と考えられるようになったのですが、そこには日本の天体物理学者・小田稔（1923～2001）の大きな貢献がありました。

ところで、X線は非常にエネルギーが大きく、物質を透過してしまうという性質があります。そのため、可視光のようにレンズや反射鏡によって焦点を結ばせることができず、ぼんやりとしたイメージしか得られません。X線がどこからやってきているかという正確な位置がわからないのです。

そこで小田は、すだれのように金属の板を何枚も平行にならべ、方向によってX線源が見

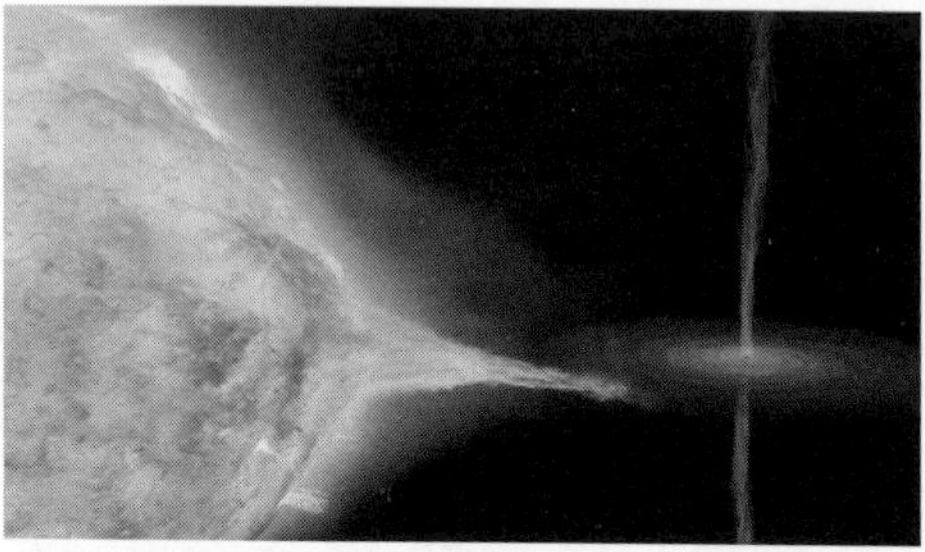

はくちょう座X-1の想像図　左側の9等星の青い星（青色超巨星）のガスが連星を組んでいる相棒の星（ブラックホール）に落ち込み、降着円盤をつくって加熱されてX線を放出している
International Centre for Radio Astronomy Research

えたり見えなかったりすることでX線天体の位置を正確に決める装置（すだれコリメーターという）を開発しました。ロケットを作る予算がなかったので、彼らはこの装置を気球に載せて上空に飛ばし観測を行い、はくちょう座X－1の位置を正確に決めることに成功したのです。

そして1966年、当時の日本最大だった口径1・88メートルの望遠鏡の観測で、その位置に9等星の青い星を見つけました。この星は質量が太陽の30倍程度の明るい星ですが、X線を出すほど高温ではありません。その位置からX線が出てくることは確実なのですが、この9等星の青い星から出たものではありえないのです。ではX線はどこからきたのでしょう。

さらに詳しく観測をすると、この星が5・6日の周期運動をしていることがわかりました。このことから、この青い星が単独の星でなく、見えていないもう1つの星との「連星」であることが判明します。連星というのは、2つの星がお互いの周りをまわっている天体のこと

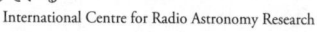

です。そして計算によって、連星を組んでいる相棒の星の質量は太陽質量の10倍以上、直径は300キロメートル以内であることがわかりました。中性子星の最大質量はチャンドラセカール限界質量（自転していない場合は太陽質量の1・4倍程度）で、それよりはるかに重いことから、この相棒がブラックホールであることが確実になったのです。

そしてX線が放出されるメカニズムもわかりました。観測されたX線は、連星の青い星からブラックホールに落ち込んだガスが過熱されて、1000万度程度の超高温になって放出されたものだったのです。

その後の観測から、はくちょう座X－1は地球から6070光年の距離にあり、太陽の約15倍の質量を持ち、1秒間に800回転しているブラックホールだと考えられています。

太陽質量の8倍程度以下の星は最後に白色矮星になる

こうして実際の宇宙にブラックホールが存在していることがわかった（確実視されるようになった）のですが、こうしたブラックホールはどのようにできたのでしょうか。これを説明するために、星（恒星）の一生について話しましょう。

我々にもっとも身近な恒星である太陽は、その中心部で水素の原子核である陽子同士が衝突してヘリウムの原子核ができるという「核融合反応」を起こしてエネルギーを出しています。このように中心部で水素の核融合反応が起こっている星を「主系列段階にある星」あるいは単に「主系列星」といいます。主系列星は核融合反応が安定して起こっている「成熟した大人の星」です。

しかし水素の核融合反応が長年続いた結果、ヘリウム原子核が中心付近にたまっていき、水素の核融合反応はその周りの薄い層で起こることになります。やがて中心にたまったヘリウム原子核の塊は、徐々に冷えていきます。核融合反応が起こっているときは、それによって放出される熱の流れで自分の重さを支えているのですが、冷えてくると十分な熱が流れないため自分の重さで収縮します。すると中心部が圧縮されるので、今度は逆に温度が上がり、その周りの水素の核融合反応が激しく起こることになります。すると大量のエネルギーが熱として星の外側に流れ、その圧力によって星は急激に膨張して、表面付近の温度が下がって赤く見えるようになります。

このように赤く膨張した星は、もはや主系列星ではなく、「赤色巨星」と呼ばれます。赤色巨星は老齢期に入った星だといえます。太陽は60億年後くらいに赤色巨星となり、地球の軌道付近まで膨れ上がるだろうと考えられています。

この段階は10億年ほど続き、その間、中心部の温度はどんどん上がっていきます。そして70億年後くらいには3億度まで上がると、今度はヘリウム原子核同士の核融合反応が起こります。この段階の核融合反応は急速に進み、1億年程度でヘリウム原子核は燃え尽き、炭素や酸素の原子核に変わってしまいます。炭素の核融合は約6億度、酸素の核融合は約15億度で起こりますが、太陽質量の8倍程度以下の質量の星の場合、中心部の温度がそこまで上がることはなく、中心部が炭素や酸素の原子核でできた白色矮星となって一生を終えることになります。この時までに星は膨張収縮を繰り返し、星の外層部のガスは周りの空間に放出されてしまっています。

太陽質量の10倍以上の星は中性子星やブラックホールになる

一方、太陽の8倍程度以上の質量を持った星は、炭素原子核の核融合、そして酸素原子核の核融合と核融合反応が次々に起こり、ネオンやマグネシウム、ケイ素、硫黄など重い原子核ができていきます。どの段階で核融合反応が止まるかは星の質量によって決まります。太陽質量の8倍から10倍程度までの星と10倍程度以上の星の場合は事情が少し異なりますが、ここでは10倍以上の星の場合に限ります。

そのような星の中心部では、最終的に鉄の原子核ができるまで核融合反応が進みます。鉄の原子核はもっとも安定しており、鉄同士を核融合させることはできません。そのため鉄の原子核の塊は冷えて収縮しますが、圧縮されると逆に温度が上がり、大きなエネルギーを持った光子が鉄の原子核に吸収されてヘリウム原子核と中性子に分解されます。すると温度が急激に下がり、中心部が重力崩壊を起こして大量の物質が中心に向かって落下することで中心の密度が一気に上がり、中性子の塊ができます。この塊が中性子星です。中性子星ができると、引き続いて落下してきた物質を跳ね返すことで、衝撃波が発生して大爆発を起こします。これが超新星爆発です。

超新星爆発の後には中性子星が残りますが、さらにその質量がチャンドラセカールの限界質量を超えた場合は重力崩壊を止めることができず、ブラックホールができるのです。最初の星の質量が太陽の30倍程度以上重い星の場合に、ブラックホールができると考えられています。

「モンスターブラックホール」問題を難しくする事情

さて、太陽質量の30倍以上の大質量星が重力崩壊してできるブラックホールの質量は、もとの恒星の質量によってさまざまですが、最大で太陽質量の十数倍程度までと推定されています。はくちょう座X－1などは、大質量星の重力崩壊でできたブラックホールだと考えられています。

しかし以前述べたように、クェーサーのエネルギー源として、太陽の10万倍から100億倍の質量という超大質量ブラックホールが考えられています。また、クェーサーではない普通の銀河にも、中心には超大質量ブラックホールが存在しています。

たとえば私たちの銀河系の中心には、太陽質量の400万倍の質量を持ったブラックホールがあることがわかっています。また第1章でも触れましたが、M87という銀河の中心には太陽質量の65億倍という途方もない質量を持ったブラックホールすら観測されています。ほとんどすべての銀河の中心には、化け物のような超大質量ブラックホールが存在していると考えられています。

このような「モンスターブラックホール」は、もちろん恒星の重力崩壊からは作ることができません。では、これらのモンスターはどのようにしてできたのでしょうか。この問題は大変難しく、現在も解明されていません。それには、次のような事情があります。

1990年代に、日本のすばる望遠鏡のような8メートルから10メートルの口径を持った大望遠鏡が世界中でいくつも建設され、それらによる100億光年を超えるような超遠方の宇宙の観測が進みました。100億光年かなたの宇宙ということは、100億年前の宇宙ということです。宇宙の年齢は約138億年ですから、超遠方の宇宙の観測は宇宙の初めの頃を観測するということです。その結果、ビッグバンと呼ばれる宇宙の始まりから10億年程度に、いくつものクェーサーが発見されたのです。

それらのクェーサーの中には、太陽質量の10億倍程度の質量を持ったブラックホールも見つかっています。このことは宇宙が始まってたった10億年以内に超大質量ブラックホールができたことを意味しています。ブラックホールが星の重力崩壊でできたとすれば、その質量は太陽質量の数倍、せいぜい10倍程度です。それらが衝突・合体を繰り返すことでブラックホールは大きくなっていくことができます。しかし、10億年は長い時間と思うかもしれませんが、恒星サイズのブラックホールが超大質量ブラックホールにまで成長するには短すぎるのです。ではどうやって観測されている超大質量ブラックホールができたのか、それが問題なのです。

モンスターブラックホールを作る2つのシナリオ

現在、モンスターブラックホールを生み出すしくみとして2つのシナリオの可能性が考えられています。いずれも最初は大質量星の重力崩壊によってできたブラックホールから始まります。

宇宙の歴史の中で最初に誕生した星を「初代星」といい、ビッグバンから3億年程度たった時にできたと考えられています。そして初代星の質量は、現在の宇宙でできる星とは違って太陽質量の数十倍から100倍程度と重たいことがわかっています。したがってそのような星からできるブラックホールの質量も、現在の宇宙でできるブラックホールよりは大きいでしょう。

たとえばビッグバンから3億年後に太陽質量の数十倍の質量のブラックホールができたとしましょう。あるいは2つの大質量星が連星となって、各々がブラックホール連星を作り、それが合体して太陽質量の数十倍のブラックホールができたとしましょう。そのようなブラックホールに物質を数億年間落としていけば、超大質量ブラックホールを作れるはずだ、というのが1つめのシナリオです。しかし、ことはそう簡単には運びません。

以前述べたように、ブラックホールの周りには高温の降着円盤ができます。すると円盤から放射（光）が出て、その圧力で落下する物質にブレーキをかけてしまいます。この制限を考慮すると、ブラックホールに落下する物質の量はいくらでも多くするわけにいかず、ブラックホールを数億年で太陽質量の10億倍に増やすのは難しいと考えられています。

もう1つのシナリオは、最初に用意されるブラックホールの質量をけた違いに大きくすることです。そのためには、けた違いに質量の大きな星があればよいのです。アインシュタインの重力理論では、太陽質量の10万倍以上の星ができると、その星は一気につぶれてブラックホールになることがわかっています。そこで宇宙初期に何らかの原因で太陽質量の10万倍以上の超大質量星ができたと考えるのです。それを種にすれば、数億年でも太陽質量の10億倍程度のブラックホールができます。

しかし太陽質量の10万倍以上という超大質量星をどうやって作るのかわかっていません。もしこのシナリオが正しいとすると、宇宙の初期に対する私たちの理解を改める必要があるのかもしれません。

M87銀河と活動銀河核

超大質量ブラックホールを作るしくみはまだわかっていないのですが、一方でこうした超大質量ブラックホールの観測に関して、すばらしい成果が近年挙げられています。そうした話題を紹介しましょう。

第1章でも少し触れましたが、「M87」という銀河は宇宙最大級のブラックホールを持つ銀河です。銀河という概念すらなかった18世紀、彗星の探査家として知られるフランスの天文学者シャルル・メシエ（1730〜1817）が、彗星とまぎらわしい天体を発見した順に番号をつけていき、一覧を作りました。これを「メシエカタログ」といいます。有名なところでは、M1はおうし座の「かに星雲」、M31がアンドロメダ銀河です。M87はその87番目に発見された天体です。

私たちの銀河系（天の川銀河ともいいます）は、大多数の恒星が直径10万光年程度の円盤状に分布しているので「円盤銀河」と呼ばれています。それに対してM87は、恒星円盤を持たないので「楕円銀河」と呼ばれる種類の銀河です。楕円銀河はそのつぶれ具合から、0から7までの番号がつけられていますが、M87はほとんど球形なので0に分類されています。

天の川銀河の恒星円盤の直径が約10万光年で、約2000億の恒星を持つのに対して、M87は直径12万光年で、数兆個の恒星を持ったモンスター級の銀河です。この銀河は5500万光年のかなたにある「おとめ座銀河団」に属しています。銀河が100個以上群れをなすものを銀河団といいますが、おとめ座銀河団は3000個ほどの銀河の大集団です。M87はその中心に位置し、過去に何個もの銀河を飲み込んで巨大化したと考えられています。

1918年、この銀河の中心からガスが細長いジェット状に吹きだしているのが発見されました。これにより、M87の中心で何らかの爆発現象が起こったことが推定されました。さらに1950年代の電波天文学の進展によって、おとめ座に強い電波源が発見され、「おとめ座A」と名づけられました。その位置から、電波源はM87とジェットであることが確認され、M87の中心で莫大な電磁波を放出する激しい活動が起こっていることが確実になりました。

このように活発なエネルギー活動をしている銀河中心領域を「活動銀河核」と呼んでいます。現在では、すべての活動銀河核にはブラックホールが存在していることが知られていますが、M87の中心にブラックホールが存在していることは1970年代に示唆されていました。それは、M87の中心部に恒星が異常に集中していることが観測されたからです。この観測結果を説明するために、M87の中心に太陽質量の20億倍から30億倍の非常に重いブラックホールが存在して、その重力によってたくさんの恒星を引きつけているとされたのです。

M87のブラックホールの決定的な証拠が見つかる

M87の中心にあるブラックホールの決定的な証拠は、1990年代にハッブル宇宙望遠鏡の観測によってもたらされました。M87の中心から60光年のところに高速で回転している高温ガス円盤が存在していることと、その円盤の中心部分から垂直方向にジェットが噴出していることが観測されたのです。

さらにハッブル宇宙望遠鏡に搭載された分光器によって、このガス円盤の回転速度が秒速数百キロメートル程度であることもわかりました。この回転運動から、中心部の質量が太陽質量の30億倍程度であることがわかります。60光年以内に太陽質量の30億倍を詰め込めば、ブラックホールにならざるを得ません。この円盤のガスがさらに中心に落ち込んで、リンデンベルによって予言されたとおり、超大質量ブラックホール周りの降着円盤ができるのです。

その後の観測から、M87中心部のブラックホールの質量は、太陽質量の約65億倍程度であることがわかりました。第1章でも述べましたが、このブラックホールの半径は約200億キロメートルです。これは大きいように感じますが、たったの約18光時（光で18時間の距離）であり、これは太陽と地球の平均距離の約133倍にしかあたりません。降着円盤はこのブラックホールを取り囲んで、半径600億キロメートルから3光年程度まで広がっていると考えられています。

M87と中心からのジェット
NASA and The Hubble Heritage Team (STScI/AURA)

ブラックホールの「影絵」を見る

これまで見てきたように、ブラックホールが存在する状況証拠、間接的証拠はそろっていて、その存在を疑う天文学者は近年ではほとんどいません。しかし間接的な証拠では満足できず、直接ブラックホールの姿を見たいというのは、一般の人たちだけでなく天文学者も同じ思いだったのです。どうにかして、それは実現できないものでしょうか。

何かを「見る」ということは、そこから出てきた光を受け取ることです。ブラックホールからは何も出てこないので、残念ながら直接見ることはできません。しかし、ブラックホールの周りに何か明るく輝いているものがあれば、それを背景にしてブラックホールがまさに「黒い穴」のように見えるのではないでしょうか。いわば「影絵」を見るように、ブラックホールの輪郭が浮かび上がってくるのです。

このような明るい背景の中にあるブラックホールの姿を「ブラックホールシャドウ」と呼びます。ブラックホールの周囲では時空が大きく曲がっています。したがってブラックホールの近くを通る光の経路も大きく曲げられます。そのためブラックホールシャドウを観測できれば、ブラックホールの性質がより深くわかることになるでしょう。

ブラックホールシャドウは観測不可能?

ブラックホールシャドウの理論的な研究は、じつは1960年代後半から行われてきました。しかしこのような研究は長い間、机上の空論でしかありませんでした。というのは、ブラックホールシャドウがあまりにも小さすぎて、どんな観測でも見ることができないと思われていたからです。

どのくらい小さいかは、次のように考えると計算することができます。ブラックホールの大きさ(サイズ)はその質量にほぼ比例しているので、質量の大きなブラックホールほどサイズも大きくなります。たとえばM87の中心にある太陽質量の65億倍のブラックホールを考えてみましょう。その直径は約400億キロメートル、約0・004光年です。そしてM87までの距離は約5500万光年です。これは、直径4ミリメートルの穴を5500キロメートル先から見るのと同じ大きさということです。角度にすると、だいたい15マイクロ秒角（1マイクロ秒角は100万分の1秒角、1度は3600秒角）です。天体の見かけの大きさを「視直径（あるいは角直径）」と呼び、「秒角」などの角度で表記するのが一般的です。

さて、望遠鏡はその口径が大きいほど、分解能が向上します。人間でいえば視力がよくなるのです。ハワイ島のマウナケア山頂にある口径8・2メートルのすばる望遠鏡の理論上の分解能は、観測する波長にもよりますが、可視光で0・02秒角です（実際には大気の揺らぎのために、最高で0・5秒角前後になります）。

先ほどのM87の超大質量ブラックホールの視直径である15マイクロ秒角というのは、その1300分の1となります。したがって、15マイクロ秒角という分解能を達成するには、波長が同じならすばる望遠鏡より1300倍大きな口径の望遠鏡、つまり口径1万メートル以上の望遠鏡が必要ということになります。そんな望遠鏡を作るのは到底無理だ、ということがおわかりいただけるでしょう。

なお、ブラックホール付近の光はすべてブラックホールに吸い込まれてしまうので、シャドウの大きさはブラックホールそのものより2・5倍ほど大きくなります。しかしそれでも、キロメートルサイズの口径の望遠鏡が必要でしょう。ということでブラックホールシャドウの研究は関心を引くことはありませんでした。

複数の電波望遠鏡を使って口径を地球サイズに！

この状況が大きく変わったのは、1990年代のことでした。「電波干渉計」という技術の進展によって、電波望遠鏡の分解能が飛躍的に向上したのです。まずは電波干渉計について説明しましょう。

第二次世界大戦後、電波望遠鏡が急速に発展したことはすでに紹介しました。電波望遠鏡の原理は、普通の光学望遠鏡、あるいは衛星放送の受信機アンテナと同じです。宇宙からの電波をパラボラアンテナで集め、受信機に送り、受信機の信号を記録する記憶装置からできています。ただし宇宙からやってくる電波は非常に弱いため、微小な電波をより多く集めるため大きなパラボラアンテナが必要です。

また望遠鏡の分解能は観測する波長にもより、同じ口径では波長が長いほど分解能が悪くなります。その理由は簡単で、いくら電磁波を集めて焦点を結ばせようとしても波長の広がりの分だけはぼやけるからです。たとえば波長数ミリメートルの電波は可視光の波長の1万倍程度長く、したがってすばる望遠鏡のような光学望遠鏡と同じ分解能を持った電波望遠鏡を作るには、光学望遠鏡の1万倍の口径が必要なのです。

金属のパラボラアンテナは光学望遠鏡の反射鏡に比べるとはるかに簡単に作ることができますが、その大きさにはやはり限界があります。したがって単独の電波望遠鏡で高い分解能を実現するのは不可能なのです。

しかし1946年、イギリスの天文学者マーチン・ライル（1918〜1984）は電波望遠鏡の分解能を飛躍的に向上させる方法を考案しました。ライルはいくつかの違った場所、違った時刻の電波望遠鏡で受け取った信号を正確に合成することで、実質的にはるかに口径の大きな望遠鏡として用いることができることを示したのです。これを「開口合成法」といい、この方法で構成した望遠鏡を「電波干渉計」と呼びます。

ただし、実際に複数の電波望遠鏡の信号を合成するためには、離れた場所の時刻を正確に測定するための原子時計が必要になるなど技術的な困難があり、実現はそう簡単ではありませんでした。ですが1980年代にアメリカで口径25メートルのアンテナ27台で構成された電波干渉計が作られ、分解能0・04秒角を実現し、クェーサーや活動銀河核からのジェットの観測など大きな成果を挙げました。

これ以降、電波干渉計はクェーサーなどの電波源の微細構造を明らかにしてきました。2

０１３年には、南米チリのアタカマ高原に設置された66台の電波望遠鏡で構成される「アルマ電波望遠鏡」が完成しました。その分解能は０・０１秒角を達成しています。これは人間の視力に換算すると「６０００」に相当し、東京から大阪に落ちている１円玉の大きさが見分けられるほどです。アルマ望遠鏡はこの驚異の視力で、恒星の周囲における惑星形成の観測などで大きな成果を挙げています。

ブラックホールの観測についに成功した！

このような状況のもと、地球上のいくつかの国の電波望遠鏡の観測データを合成して、実質的に地球サイズの口径に匹敵する電波望遠鏡を構成し、ブラックホールシャドウを観測できる分解能を達成しようという気運が高まり、２０００年頃から国際的共同研究が始まりました。このためには、これまでの干渉計のような比較的近距離ではなく、何千キロメートルも離れた望遠鏡の観測データを合成する必要がありました。

２００７年、初めて３つの電波望遠鏡で成功し、２０１２年に「イベントホライズンテレスコープ（ＥＨＴ）」という名称で正式にブラックホールシャドウの観測をめざすプロジェクトが発足しました。イベントホライズンとは、ブラックホールの事象の地平面のことです。現在では、日本、台湾、アメリカ、ドイツなどの世界中の研究機関から総勢２００名を超える研究者が参加する大プロジェクトです。

そして2019年4月10日、EHTプロジェクトチームが地球上の8つの電波望遠鏡のデータを合成して撮影されたM87の超大質量ブラックホールシャドウの画像が、世界の8ヵ所で同時に発表されました。ブラックホールシャドウという影絵の形ではありますが、ブラックホールの姿が初めて目に見える形で現れたのです。

実際の観測は、チリ、スペイン、ハワイ、アメリカアリゾナ州、南極などに設置された計8つの電波望遠鏡が参加し、2017年4月に行われました。この8つの望遠鏡の観測によって得られたデータの総量は数ペタバイト（1ペタバイトは約1125兆バイトで約100万ギガバイト）となり、専用のスーパーコンピュータで合成されることで、実質的に地球サイズの口径の電波望遠鏡を実現しました。分解能をあげるために、電波の中でも波長の短い1・3ミリメートル（周波数230ギガヘルツ）の電波で観測することで、20マイクロ秒角という分解能を達成したのです。

この解析によって明るいリングの中に現れた黒い部分は、一般相対性理論に基づいたブラックホールシャドウのシミュレーションと驚くほど一致しました。ブラックホールシャドウを取り巻く明るいリングの直径が42マイクロ秒角であることから、シャドウの直径は約1000億キロメートルであることがわかります。一方、一般相対性理論からはブラックホールそのものの大きさ（事象の地平面の直径）とシャドウの関係、および事象の地平面の大きさと質量の関係がわかります（先ほど説明したように、シャドウの大きさはブラックホールそのものより2・5倍ほど大きくなります）。こうしてブラックホールの直径は約400億キロメートルで、質量が太陽質量の約65億倍であることがわかったのです。

ブラックホールの新たな観測手段・重力波とは？

こうして光を出さないブラックホールの姿を見ることに成功したわけですが、じつは21世紀になって、電磁波以外のものを使ってブラックホールを観測する画期的な方法が実用化されました。それは「重力波」による観測です。

重力波の存在そのものは、1915年に一般相対性理論を作ったアインシュタイン自身がすぐに気がつきました。一般相対性理論がニュートンの重力理論ともっとも違うのが、重力波の存在です。

ニュートンの重力理論では、重力は物質（質量）の周りに現れます。物質がなければ重力は生まれません。これに対して一般相対性理論では、重力は時空の曲がりとして表されます。物質はその周りの時空を曲げます。そして物質が加速度運動をすると、そのエネルギーの一部は時空を振動させるのに使われ、その振動は物質の束縛を離れて外へ外へと伝わっていきます。振動が伝わるので、これは一種の波であり、重力波といいます。電荷を持った粒子が振動すると、周りに振動する電磁場を作り、その電磁場の振動が電磁波としてどんどん遠くに伝わっていくのと同じです。重力波の場合、振動するのは時空です。波の進行方向に垂直な空間が、ある方向に伸びたり縮んだりを繰り返すのです。

時空の振動のエネルギーは物体の運動エネルギーによって作られるので、重力波を出すことで物体の運動は減衰していきます。重力波が物質（たとえばある長さの棒）にぶつかると、その棒は重力波の進行方向に対して垂直な方向に伸びたり縮んだりするのです。この動きを測定すれば、重力波を作った天体がどんなものでどんな運動をしていたのか、そして重力波がどのくらいのエネルギーを持ち去ったのかがわかるのです。

１００年以上も前にその存在が予言されていた重力波が、なぜ21世紀に入ってからようやく天文学の新たな観測手段になったのでしょうか。それは重力波による時空の振動が極めて小さいからです。

たとえば、銀河系の中心付近で太陽の何倍もの大きな星が爆発したとします。爆発の様子にもよりますが、それによって出てきた重力波は、銀河中心から2万６０００光年離れた地球まで届いたとき、地球の直径1万２７５０キロメートルを１０００億分の１ミリメートル、あるいはそれ以下だけ伸ばしたり縮めたりする程度です。これは原子の大きさの1万分の1

程度以下にすぎません。重力波の存在に気づいたアインシュタインですら、重力波を観測することは不可能だと考えていました。そして1950年代中頃まで誰一人として、重力波を検出しようとすら考えませんでした。

重力波望遠鏡を作る試み

ところが1955年、それまで一般相対性理論と無関係な量子エレクトロニクスの研究をしていたアメリカの実験物理学者ジョセフ・ウェーバー（1919〜2000）が重力波検出の実験を始めたのです。ウェーバーは当時、アインシュタインがいたプリンストン高等研究所に滞在する機会があり、その時に一般相対性理論に興味を持ったようです。アインシュタインとの特別な交流があったわけでもありませんが、何らかの影響を受けたのでしょう。

ウェーバーが試行錯誤の末に作った重力波望遠鏡は、大きなアルミの棒でした。ただしその直径は1メートル、長さが2メートル、重さが1・5トンという巨大なものです。重力波がやってくると、棒が伸びたり縮んだりするので、それを棒の表面に張りつけたセンサーで電気信号に変えて重力波を検出しようとしたのです。地震などの地面からの振動を防ぐため、この棒を天井からワイヤーで吊るしました。それでも重力波以外の原因で棒が振動することがあるので、重力波以外の振動を取り除くため同じ装置を1000キロメートル離れた場所において、2つの棒がほぼ同時に信号を出した振動だけを重力波による信号としたのです。重力波は光の速度で伝わるため、1ヵ所で検出されれば同じ信号がすぐに別の場所で検出されるはずです。重力波以外の振動なら、1000キロメートルも離れれば同じ原因の振動がほぼ同時に観測されるはずがありません。

残念ながらウェーバーの作った重力波望遠鏡は重力波を検出することはありませんでした。また重力波望遠鏡もウェーバーの作った金属棒とは違った形に変化していったのです。

レーザー干渉計のしくみ

現在、また将来運営される重力波望遠鏡は「レーザー干渉計」を基礎にしています。その原理は、金属の棒のかわりに光を使って時空の伸び縮みを検出することです。レーザー干渉計というのは、レーザー光を半透明鏡（光を半分だけ通し、半分は反射する鏡）で2つに分けて、それぞれの光がある距離のところに置いた鏡で反射されて戻ってきたものを合成させる装置です。2つに分けた光が往復する経路を、干渉計の「腕」といいます。

レーザー干渉計の原理を説明するために「波の干渉」という現象を説明します。光は電場と磁場の振動であり、その振動の方向は電磁波の進行方向に対して垂直です。進行方向に垂直なある方向だけを考えると、その方向に電場（と磁場）が大きくなり、小さくなって、次

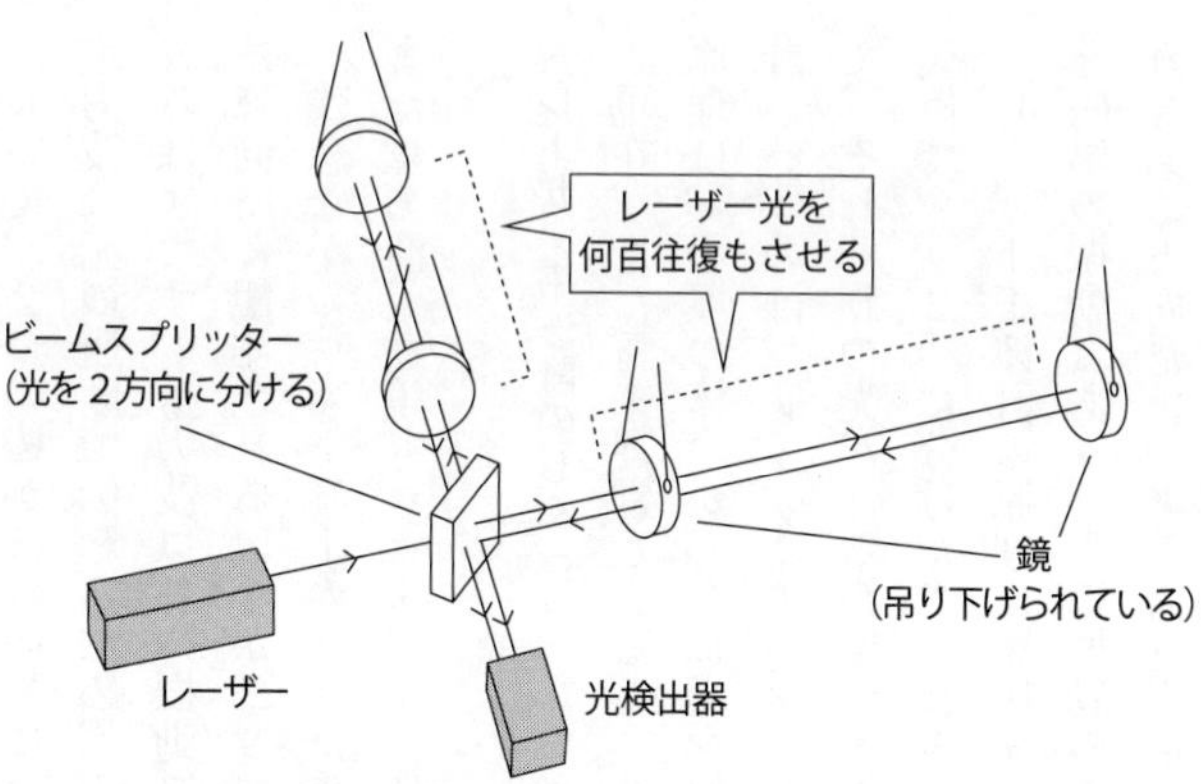

レーザー干渉計型の重力波望遠鏡（検出器）のしくみ

に逆方向に大きくなり、小さくなって、次に元の方向に大きくなるということを繰り返しながら伝わっていきます。このうち最初に最大になるところを山、そして反対方向に最大になるところを谷といいます（どちらが山でも谷でもかまいません。片方が山ならもう片方が谷です）。山、あるいは谷の位置を、波の「位相」といいます。

半透明鏡で光の進路を2つに分けると、各々の光が2つに分かれる前の光と同じ間隔で山と谷を繰り返しながら伝わっていきます。それら2つの光が完全に同じ距離を走って戻ってくると、出会ったときの2つの光は電場の方向も大きさもまったく同じになって（位相がそろっているという）、合成すると完全に元の光に戻ります。しかし戻ってくるまでの距離が少しでも違えば、戻ってきたときには2つの光の山の位置が違うでしょう（位相がずれるという）。

極端な場合、戻ってきたとき一方の光が山で他方が谷とすれば、合成された光はお互いに打ち消し合って完全に消えてしまいます。このように一般に複数（今の場合は2つ）の波を重ね合わせたとき、元の波の波形とは違った新しい波形の波ができることを、波の干渉といいます。

重力波がレーザー干渉計を通過すると、干渉計の2つの腕の長さにわずかな差ができます。そのため2つの光が戻ってくるまでの距離にわずかな差ができて、位相がずれて合成したとき、元の光とは違った波形の光となります。この波形の変化を観測することで、重力波がやってきたことを検出するのです。

重力波望遠鏡「LIGO」の建設

このように原理は比較的単純ですが、レーザー干渉計を重力波検出に応用するのはそう簡単ではありません。

干渉計の2つに分けた光の経路の長さを「基線長」といいますが、基線長と同程度の波長を持った波に対する感度が一番大きくなります。ところが重力波の波長は短いものでも何百キロメートルとなるため、長い基線長の干渉計が必要です。しかし地上に設置するにはせいぜい数キロメートル程度の基線長となり、重力波に対してはまったく不十分です。そのためレーザー光を2つに分けた後、それぞれの経路を何百往復もさせて基線長を稼ぐ必要があります。また重力波による基線長の伸び縮みが原子1個分よりも短いため、ほかの原因の振動を極限まで除く必要があるなど、さまざまな技術的な困難があります。

それらを一つ一つ解決しながら、1970年代初めから実験的な装置が作られました。1990年代には日本でも基線長が300メートルの重力波望遠鏡が東京・三鷹の国立天文台の敷地内に作られ、当時としては世界最高感度を達成しました。

そして1997年からはアメリカで基線長4キロメートルのLIGO（レーザー干渉計重力波天文台）という大型重力波干渉計2台が、3000キロメートル離れたルイジアナ州リビングストンとワシントン州ハンフォードに設置されました。その後、地道な精度改良が行われ、2005年には銀河系内で超新星爆発が起これば、そこからの重力波を検出できる程度の感度に到達しました。

その成果によって2008年、より高感度を目指す「アドバンスド LIGO」計画が承認され、2015年にはついに感度が10^{-23}を超えるまでになりました。これは1メートルの棒の長さが10^{-23}メートル変化したときに、それを検出できる精度で、天体からの重力波を確実に検出するために要求される精度です。

重力波の初観測に成功した！

そして迎えた２０１５年９月、本観測の前に行われた試験観測で、待ちに待ったその瞬間が訪れました。９月14日、ＵＴＣ（協定世界時）９時50分45秒、リビングストンの装置が重力波を検出し、その６・９ミリ秒後にハンフォードの装置が同じ信号を検出したのです。アインシュタインが一般相対性理論を作ってからちょうど１００年後に、人類は重力波の初観測に成功したのです。

重力波が光速度で伝わること、そしてリビングストンとハンフォードの位置関係から、この重力波が南半球の方向からやってきたことがわかります。また、受け取った重力波は検出され始めてから０・２秒の間に35ヘルツから２５０ヘルツに周波数（ヘルツとは1秒間に振動する回数）が急激に上昇し、その振幅は10^{-21}程度でした。これらの観測とその波形から、この重力波は13億光年かなたにある、太陽質量の36倍前後と29倍前後の２つのブラックホールからなる連星系が４回転して衝突・合体して、太陽質量の62倍のブラックホールになる過程で放出されたものとわかりました。

２つの星がブラックホールであることは、お互いの距離が数百キロメートル程度しか離れていない時点から重力波が検出され始めたことでわかります。ブラックホールの大きさはその質量から決まり、太陽質量の30倍とすると、その半径は１００キロメートル程度です。１

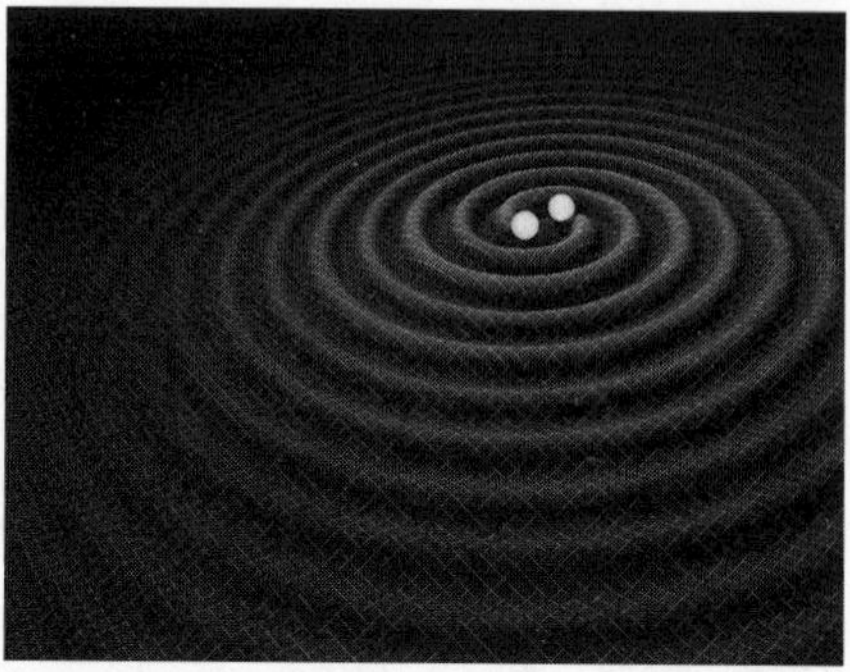

重力波のイメージ図　2つのブラックホールが互いに回転しながら接近する過程で放出されていると考えられている。実際に重力波がこのように見えるわけではない　R. Hurt (Caltech-IPAC)

00キロメートルとはだいたい東京駅から宇都宮駅までの距離です。太陽質量の30倍ほどの質量を持ち、これほど小さな星は、ブラックホール以外にありません。この大きさのブラックホールが2つ、東京駅から仙台駅くらいの距離でお互いに光速度の半分程度の速さで回っているのを想像してみてください。それが合体して半径200キロメートル程度のブラックホールができたのです。このように重力波の観測は、重力波を生み出したブラックホールの存在を証明するものにもなっています。

太陽質量の36倍前後と29倍前後の2つのブラックホールの質量は太陽質量の62倍程度です。ブラックホールが衝突・合体した結果、できたブラックホールの質量は太陽質量の62倍程度です。36＋29＝65ですから、このことは太陽質量の3倍の質量が消えたことになります。衝突・合体の0・2秒の間に、太陽質量の3倍の質量に対応するエネルギーが重力波によって持ち去られたのです。このエネルギーは、同じ時間の間（0・2秒）に観測できる限りの宇宙に存在する天体が放出している電磁波のエネルギーの40倍程度にもなります。

その後、フランスとイタリアが共同で作った重力波望遠鏡「ＶＩＲＧＯ」も観測に参加し、日本が岐阜県飛驒市の旧神岡鉱山跡に設置した重力波望遠鏡「ＫＡＧＲＡ」も観測に参加しています。これまでにいくつもの太陽質量の30倍前後のブラックホール連星からの重力波が観測されていますが、これはまったく予想外のことでした。宇宙には予想以上にたくさんブラックホール連星が存在していたのです。

ではそもそも太陽質量の30倍というブラックホールはどこでできたのでしょうか。すでに話したように、現在の宇宙で恒星の重力崩壊からできるブラックホールの質量はせいぜい10倍程度です。

１つの有力な説としては、これもすでに触れた「初代星」に関係するものがあります。初代星とは宇宙初期、ビッグバンから2〜3億年たった頃最初にできた星のことです。初代星は太陽質量の１００倍程度の質量を持った大質量星と考えられています。このような大質量星は１００万年程度の短い寿命で超新星爆発を起こして、太陽質量の30倍程度のブラックホールを作る可能性があり、もしそうなら重力波の観測を数多く積み重ねていけば、まだよくわかっていない初代星についての情報を得ることができるでしょう。

ホーキングとソーンの論争

１９７４年、ホーキングとアメリカの物理学者キップ・ソーン（１９４０〜　）は、「はくちょう座X－１」がブラックホールかどうかの賭けをしました。ソーンはアメリカの相対性理論研究の大御所であり、重力波の研究やブラックホールの研究、さらには後で述べるタイムマシンの研究などでも有名です。またＬＩＧＯ計画に当初から携わり、２０１７年には重力波の観測への貢献によってノーベル物理学賞を受賞しています。

ソーンははくちょう座X－１がブラックホールであるとして、ホーキングはブラックホールではないとして、負けた方が勝った方にそれぞれの好みの雑誌を送るという賭けでした。ソーンのお気に入りは男性誌「ペントハウス」、ホーキングは政治ジョーク満載のイギリスの週刊誌「プライベート・アイ」でした。ホーキングの語ったところでは、「はくちょう座X－１」はブラックホールだと確信していたが、もしブラックホールが宇宙に存在しなかったら、それについて研究してきた自分の研究歴が台無しになると思い、せめて賭けにだけは勝っておこうとしたそうです。

しかしX線天文学の成果によって、はくちょう座X－１がブラックホールであることが確実になり、1990年にホーキングは負けを認め、ソーンに「ペントハウス」1年分を送ったそうです。

第3章

ブラックホールとワームホール、タイムマシン

「シュワルツシルド時空」がなぜブラックホールを表すのか？

第2章までは、ブラックホールという天体が発想された経緯と、それが現実の宇宙でどのようにして発見されたのかを話してきました。この第3章では、観測の話題から離れて、ブラックホールの理論的な研究について、さらに詳しく見ていきましょう。その研究からブラックホールの不思議な構造が見えてきます。また、ブラックホール以上に不思議な存在の可能性すら出てくるのです。

第1章でも触れましたが、ブラックホールを表す時空を最初に発見したのは、ドイツの天文学者カール・シュワルツシルドです。今後、この時空を「シュワルツシルド時空」と呼びましょう。この発見が、一般相対性理論の基礎方程式であるアインシュタイン方程式を解くことで得られることや、解いて得られた時空に不思議な性質があることも、第1章で説明しました。

でも何かおかしいと思いませんか？　シュワルツシルドはアインシュタイン方程式を解く

にあたって「大きさがなく、質量を持った質点」を想定したのです。そして当時は誰もが、シュワルツシルドが考えた時空の中心に物質があると思っていました。しかし第1章で述べたように、ブラックホールの中には物質は存在できません。ではなぜ、シュワルツシルド時空がブラックホールを表しているのでしょうか？

それは、シュワルツシルドがその解を導く過程で、「原点に〝物質〟がある」という想定を一切使っていなかったからです。シュワルツシルドが使ったのは「遠くから見ると、ある質量の物質があるように見える」ということだけなのです。普通、〝質量〟があるのであれば〝物質〟があるに決まっていると思うかもしれませんが、じつはそうではありません。「物質がないのに質量がある」とは、「時空の曲がり方が、原点に質量を持ったときと同じようになっている」ということです。これが、遠くから見ると質量を持っているように〝見える〟という意味です。ブラックホールの場合、その時空の曲がりは特異点が作っているので、その意味では特異点が質量（正確にはエネルギー）という性質を持っていると考えることができます。

時空の表し方についての注意点

シュワルツシルド時空の話をする前に、時空の表し方について1つ注意をしておきます。

たとえば人の身長は日本ではメートルで表しますが、アメリカではフィートで表すのが一般的です。すると同じ人でも違う値になることは当たりまえです。ぱっと見て背が高いとか低いということだけでいい場合もありますが、数値で表した方が何かと便利です。ただしその時には、メートルを使ったのかフィートを使ったのかを知っておく必要があります。じつは時空の表し方にも、似たようなところがあるのです。

時空の表し方に即した、もう1つの例をあげましょう。長方形の白紙のノートの1ページを考えてください。その上に顕微鏡でしか見えない小さな「印」があったとします。そのシミがノートのどこにあるのかをほかの人に伝えるには、まずノートの真ん中に点を書き、その点から長方形の辺に平行に直交する2本の直線を引きます。このとき、真ん中の点を原点、一方をx軸、他方をy軸と呼びましょう。そして「印」の位置を原点からx方向に何センチ、y方向に何センチとすれば、「印」の位置がx方向の数値とy方向の数値の2つの数で指定できることになります。1点の位置を2つの数値で表したわけです。この数値を「印」の座標といいます。原点の取り方と、x軸、y軸の引き方を教えておけば、誰にでも「印」の座標を伝えることができます。

原点とx軸、y軸のセットを座標系といいます。原点の位置をノートの端に置けば、違う座標系になり、当然「印」の座標の値も違ってきます。さらに最初と同じ座標系でも、違う

「印」の位置の表し方があります。原点から「印」に直線を引いて、この直線の方向（たとえばx軸からの角度）と原点からの距離で「印」の位置を表すことができます。この時の座標系は原点とx軸です。y軸は必要ありません。座標は原点からの距離とx軸からの角度です。当然、それらの値は、前の座標の値（原点からx方向とy方向の距離）と違います。

要するに同じ点でも、違う座標系を採用すると、その点を表す数値（座標値）が違うのです。２つの点の間の距離（の２乗）はどの座標系で測っても同じですが、その表し方が違います。

４次元時空の場合、その中の点（事象）を指定するには、その時刻と空間の位置の計４つの数値が必要です。そしてその４つの数値の座標系（どうやって時間を測るか、空間の原点はどこでその原点からどうやって位置を測るのか）を決めなければなりません。同じ事象でも違う座標系では、違う４つの数値（座標）となるのです。そしてある座標系では見えない性質も、別の座標系では見やすくなるということがよく起こります。一般相対性理論が難しいのは、じつはこのような事情もあるのです。

ドロステが解いたアインシュタイン方程式

シュワルツシルド時空の話に戻りましょう。この時空には不思議な性質があることが、そ

ヨハネス・ドロステ

の発見後すぐにわかってきました。

そもそもシュワルツシルドの時空の表し方は、少し奇妙なものでした。空間の原点は、物体を置いた位置にとるのが自然です。しかし、シュワルツシルドが採用した座標系ではそうではなく、物体から〝ある距離〟のところを空間の原点として、そこからの距離で事象の位置を決めていたのです。なぜシュワルツシルドは、その距離を選んだのでしょうか。

それは、その距離で数学的に奇妙なことが起こっているためです。それを明瞭な形で明らかにした論文が、シュワルツシルドの論文のすぐ後に出版されました。オランダの数学者・理論物理学者のヨハネス・ドロステ（1886〜1963）が同じ状況でアインシュタイン方程式を解いたのです。そして素直に物体の位置を原点として時空を表しました。すると、シュワルツシルドが空間の原点に取った場所が特別な意味を持っていることは誰が見ても明らかになったのです。

ドロステの見方では、その場所で時空の距離を決める2つの量のうちの1つが無限に大きくなり、もう1つは0になってしまいます（時空の距離を決めるには、一般には10個の量が必要だったことを思い出してください。今回のケースでは、状況を「丸い静止した物体」としたことで、2個だけになります）。この場所は原点から〝ある距離〟にあるので、それは結局、原点を中心にして〝ある距離〟を半径とする球面を意味することになります。この〝ある距離〟のことをシュワルツシルド半径、そしてシュワルツシルド半径の球面をシュワルツシルド面と呼びましょう。シュワルツシルド面は、第1章で述べた事象の地平面であることが後にわかります。

ただし当時は、シュワルツシルド面は実際には存在しないと考えられ、したがってその内側の様子を考えることもありませんでした。その理由は、シュワルツシルド面が現実的な状況では現れないと思われていたからです。

たとえば太陽の質量を原点に置いた時、このシュワルツシルド半径は3キロメートルになります。太陽の半径は約70万キロメートルですから、質量をそのままにして太陽を3キロメートル以下にまで縮めなければ、シュワルツシルド面が現れないのです。当時は誰も、そんな現象が起こるとは思っていませんでした。

また、たとえシュワルツシルド面が存在しても、そこで重力が無限に強くなって外側から内側へ通り抜けることはできず、したがってその内側も考える必要がないとみなされていました。この意味でシュワルツシルド面のことをシュワルツシルド特異点と呼ぶこともありました。面なのに特異〝点〟というのは誤解を招きますが、英語では特異点のことをsingularityといい、特に点であることを表しているわけではありません。ですが特異点という日本語はすでに定着しているので、この本でも特異点といっておきます。

シュワルツシルド面の理解をめぐる当初の混乱

現在、シュワルツシルド解といえば、シュワルツシルドのもともとの形ではなく、ドロステの論文で導かれた形のことを指しています。そしてドロステの形のシュワルツシルド解には、もう1つ特異点があります。それは質量が置かれた位置、つまり空間座標の原点です。シュワルツシルドもドロステも仮想的な状況として、大きさのない質量を持った粒子を考えたのです。これを物理学では質点といいます。もちろん「大きさがなく、質量だけを持つ粒子」は現実には存在しませんが、興味のある領域が物体の大きさよりはるかに遠い場合には、物体の大きさを無視できるので、よく使われる近似です。したがって原点で重力が無限に強くなることは数学的には正しくても、現実には起こらないとされ、注目されることもありませんでした。

ドロステも実際にアインシュタイン方程式を解くときには、シュワルツシルド同様、遠くから見て質量があるように見えるという条件だけを使っていて、中心に物質があるということを使っていません。したがって現代的な観点では、シュワルツシルド解もドロステ解もまったく同じブラックホール時空を表していますが、当時はそれが明確にはわかっていませんでした。

さて、ドロステ解の2つの特異点のうち、原点での特異点は何の不思議もないと、当時は思われていました。それは、原点に「大きさはゼロで質量を持つ」物質を置いたのですから、密度（＝質量÷大きさ）の値は無限大となり、現実的にはともかく数学的に重力が無限に強くなることには、誰もが納得したためです。

一方で、シュワルツシルド面が特異点かどうか、つまり現実に重力が無限に強くなるのかどうかは、よくわからない状況が続きました。というのは１９２０年代に、同じ状況で何人かの研究者がそれぞれ違う座標系を使ってアインシュタイン方程式を解くと、重力が無限に強くなるのは中心においてだけであり、シュワルツシルド面でもその他の場所でも重力が無限に強くなることはなかったのです。先ほども述べたように、同じ時空でも違う距離や時間を使って表すと、時空はまったく違って見えることがあります。見方を変えればシュワルツシルド面で重力が無限に強くなったり、そうでなかったりするということは、大きな混乱を招きました。一般相対性理論は間違っているという主張すらされたのです。

歴史に埋もれたルメートルの「もう1つの発見」

これに決着がついたのは、1932年のことです。第2章でも登場した、宇宙膨張の発見者の一人であるルメートルは、無限の彼方から物体に落下する観測者を考えて、その人が測る時間を時間座標として使いました。すると、シュワルツシルド面に到着したとき、重力は無限に強くなることはなく、その場所を通過できることを示したのです。ただし、いったんシュワルツシルド面以内に落ちると二度と元に戻れない、という意味で、この場所はやはり特別だといえます。

こうしてシュワルツシルド面で重力が無限に強くなるのは、単に時間座標や空間座標の選び方による見かけの現象であることが明確に示されました。ドロステの採用した座標系で現れる「無限」は、重力が無限に強くなることを意味するのではなく、物体の遠くにいる人から見たとき、シュワルツシルド面で時間は止まり（無限の長さになり）、原点からの距離は無限に長くなると解釈すべきだったのです。したがって遠くの人が見ると、物体に落ちていく人はシュワルツシルド面にいつまでたっても届かないように見えるのです。

ということで、シュワルツシルド面は特異点ではない、というのが結論であり、シュワルツシルド特異点といういい方は現在されていません。

ところで、シュワルツシルド面が「元に戻れない特別な場所」である理由が「重力が非常に強くなるため」だと思われることが多いようですが、それは誤解です。第1章で述べたように、重力によって自由落下する人にとって、単純な意味での重力は消えています。消えていないのは潮汐力という、重力が場所ごとに違うことによって生じる、引きちぎるような力です。

たとえば自由落下すれば太陽程度の質量の場合、シュワルツシルド半径は3キロメートルとなり、シュワルツシルド面に近づけば強い潮汐力を感じるでしょう。しかし銀河系中心にあるような太陽質量の約400万倍のブラックホールの場合、シュワルツシルド半径は中心から約1200万キロメートルとなり、そこでは潮汐力も地球表面での潮汐力程度になります。さらに大きなブラックホールでは潮汐力はもっと小さくなり、シュワルツシルド面を通り抜けたことにまったく気がつかないでしょう。

ジョルジュ・ルメートル

とはいえ、シュワルツシルド面を通過したことに気づかなくても、通過するともう後戻りはできないことに変わりありません。そのままどんどん中心に向かって落下していき、それにつれて最後には潮汐力も強くなって、自由落下する人の体は細く引き伸ばされて、ついにはバラバラに引きちぎられてしまうでしょう。

さて、ルメートルの論文はマイナーなベルギーの雑誌に掲載され、しかもフランス語で書かれていたため、当時はほとんど注目されることがなく、歴史の中に埋もれてしまいました。じつはルメートルはこればかりでなく、宇宙膨張の発見者としての名誉も同じ理由で逃しています。

第2章で書いたように、1929年、アメリカの天文学者ハッブルが遠くの銀河ほど速い速度で遠ざかっていることを観測によって見つけました。これが宇宙膨張の証拠になったとして、宇宙膨張の発見者はハッブルであると、長年考えられてきました。しかしその2年ほど前に、ルメートルは宇宙が膨張していることを予言した論文をやはりフランス語で出していたのです。そのため近年、遠くの銀河ほど速い速度で後退するという宇宙膨張を表す法則を、従来の呼び名である「ハッブルの法則」ではなく「ハッブル・ルメートルの法則」と呼ぶように推奨されています。一方、シュワルツシルド面についての1932年の論文については、現在でもそれほど広くは知られていないようです。

シュワルツシルド面は「外向きに一方通行の面」にもなる?

時代は下り、1950年、シュワルツシルド面について新たな発見がありました。アイルランドの物理学者ジョン・シング（1897〜1995）はブラックホールの存在を真剣に受け取り、その内部構造について研究していました。そしてシュワルツシルド面が内向きに通過する一方通行の面であるだけでなく、外向きに出ていく一方通行の面でもあることを発見したのです。ただし、同時刻に「内向きに一方通行の面」かつ「外向きに一方通行の面」ではありません。同じシュワルツシルド面が、ある時刻までは外向きに一方通行の面であり、それ以降は内向きに一方通行の面になるのです。これを説明しましょう。

内向きに一方通行の面は、これまで述べてきたようなブラックホールの表面、すなわち事象の地平面です。それでは外向きに一方通行の面とはどんな面なのか、光の運動で考えましょう。

内向きに一方通行の面は、その場所で光を外向きに出しても、光がそこにとどまっている面でした。だから光を外向きに出しても、光よりも遅いどんなものも、シュワルツシルド面を通り抜けるとかならず内向きに進むしかなかったのです。ということは、外向きに一方通行の面を実現するには、これと正反対のことが起こればよいことになります。要するに内向きに出した光が、そこでとどまっているような面とするのです。外向きに出した光はもちろんシュワルツシルド面を離れて外向きに進みます。

ジョン・シン

したがって光速度より遅いあらゆる運動は、かならずシュワルツシルド面の外側に向かって進むことになります。これが外向きに一方通行の面です。

では、外向きに一方通行の面となっているシュワルツシルド面の内部はどうなっているでしょう。内向きに一方通行の面で囲われた領域（つまりブラックホール）の内部では、外向きに出した光も内向きに進みました。それに対して、外向きに一方通行の面に囲まれた領域の内側では、内向きに出した光が外向きに進むのです。したがって中にあるものはかならずシュワルツシルド面を通り抜けて外に向かって飛び出していきます。したがってシュワルツシルド面の内部に物質を落とすことは決してできないのです。

ホワイトホールの発見

このような外向きに一方通行の面に囲まれた時空の領域を、ブラックホールと正反対という意味でホワイトホールと呼んでいます。ただしブラックホールという言葉が使われ始めたのは1967年頃なので、当時はホワイトホールという言葉もありませんでした。シンは時空の中に、それまで気づかれていなかった不思議な領域があるということを指摘したのです。

さて、ホワイトホールの中心にも特異点があります。この特異点では、ブラックホールの中にある特異点と同様に、時空の曲がりが無限に大きくなり、重力は果てしなく強くなります。しかしその重力は、ブラックホールの特異点とはまったく違います。物質はおろか空間をも引き裂き、空間を外に向かって超高速で噴き出すのです。

これは、引力とは逆の反発力（斥力ともいいます）が働いているわけではありません。重力は万有引力とも呼ばれるように、あくまで引力なのです。ではなぜ、特異点から飛び出してくるのでしょうか。それは特異点で時空（イメージしにくければ空間と思ってください）が無限の速度で飛び出してくるからです。そしてその速度は特異点を離れるほど遅くなり、シュワルツシルド面で光速になるのです。空間が外向きに動いているので、そこから内向きに出した光は（遠くから見ると）そこで止まっているように見えます。要するにホワイトホールとは、ブラックホールで空間が落下しているのとは正反対のことが起こっている天体なのです。

それにしても、ホワイトホールの中の特異点でなぜ、そしてどのようにして、時空や物質が無限の速度で飛び出してくるのでしょうか？　ブラックホールの特異点では、時空や物質がものすごい勢いで落ち込んで消えていくとしかいえませんでした。実際には消えるのではなく、時空と物質が何らかの状態になるのでしょう。ホワイトホールの特異点は、ブラックホールの特異点を逆回しにしたようなものです。実際に特異点で何が起こり、時空と物質がどうなっているか、残念ながらその答えを現代物理学は持っていません。特異点が存在することを予言できても、その正体はわからないのです。

一般相対性理論の範囲でいうならば、特異点はそもそも時空ではなく、時空の果てと定義するしかありません。特異点で何が起こっているのか、それを知るには一般相対性理論を超える理論が必要なのです。これについては第4章で触れることにしましょう。

ホワイトホールがブラックホールに変身する？

さて、先ほど「同じシュワルツシルド面が、ある時刻までは外向きに一方通行の面であり、それ以降は内向きに一方通行の面になる」と説明しました。これを理解してもらうために、1つの時空の中でブラックホールとホワイトホールがどのように存在するのかを考えます。

まずはブラックホールです。ブラックホールに落ちていく人を遠くから見ると、ブラックホールに近づくに連れて、その落下速度はどんどん遅くなり、いつまでたってもブラックホールの表面（シュワルツシルド面）に届かないように見えます。あるいは無限の未来にシュワルツシルド面に届くといってもいいでしょう。したがって遠くの人にとってブラックホールの中は、無限の未来のさらに未来です。特異点も無限の未来のさらに未来です。

ホワイトホールはこの逆です。すなわち遠くの人にとって、無限の過去にあるシュワルツシルド面から物質が飛び出してくるように見えるのです。ホワイトホールの中の特異点は、したがって無限の過去の、さらに過去にあることになります。

この2つを合わせて考えると、こうなります。ホワイトホールの表面であるシュワルツシルド面は、原点からシュワルツシルド半径の距離に無限の過去からずっと存在していて、ある瞬間にブラックホールの表面に変わり無限の未来まで存在するのです。ホワイトホールの表面を「過去の事象の地平面」、ブラックホールの表面を「未来の事象の地平面」と呼びます。

ホワイトホールはこの宇宙に存在するのか？

なんとも不思議なホワイトホールですが、それはこの宇宙に存在するのでしょうか。存在するなら、どのようにして作られたのでしょうか。

第2章で説明したように、私たちが住むこの宇宙には大小無数のブラックホールが存在しています。これらのブラックホールは、太陽質量の10倍程度以上重い大質量星の重力崩壊で形成されると考えられています。では、ホワイトホールもやはり星の重力崩壊でできるのでしょうか。

星の重力崩壊という状況でアインシュタイン方程式を解くことは、現在はスーパーコンピュータで可能になっています。特に完全に丸い星がその形を保ったままつぶれるような簡単な状況では、パソコンでも計算可能です。この時の時空は、星の外部ではシュワルツシルド時空と同じですが、その内側はまったく違っています。星の内部はどんどん密度が上がっていって、シュワルツシルド時空とはまったく異なるのです。そして中心で何が起こっているかは、つぶれる直前に密度や時空の曲がりを表す数値が大きくなりすぎて計算不可能になってしまうのでわかりませんが、ホワイトホールができないことは確かです。つまり、星の重力崩壊ではホワイトホールは生まれないのです。

一方、宇宙の初めのような極限的な状況では、重力が極端に強く、物質がなくても重力崩壊が起こる可能性があります。それは時空の曲がりそのものがエネルギーを持ち、そのエネルギーがさらに時空を曲げるということが起こり、物質がなくても重力崩壊が起こるのです。この重力崩壊がホワイトホールを生み出すのかもしれません。ただし現在までの観測では、宇宙の初期にホワイトホールができたという証拠はありません。

一方、ホワイトホールが誕生する別の可能性があります。それはミクロの世界においてです。これについて後ほどあらためて説明します。

シュワルツシルド時空の「真の姿」とは?

シュワルツシルドが見つけたブラックホールを表す時空（シュワルツシルド時空）は、ブラックホールだけでなくホワイトホールをも含んでいることをシンが見つけました。しかし彼が発見したのはそれだけではありませんでした。

ホワイトホールから物質が飛び出してくることを話しましたが、シンの使った時間座標と空間座標でシュワルツシルド時空を眺めてみると、飛び出す先の宇宙は1つではないのです。まったく同じような宇宙が2つあって、それぞれがホワイトホールとブラックホールを通してつながっているのです。

ただし2つの宇宙を行き来することはできません。そもそもホワイトホールは、物質や時空がそこから出ていくことはあっても入ることはできないので、ホワイトホールに入ってもう1つの宇宙に行くことはできません。一方、ブラックホールに落ちるとかならず中心の特異点にぶつかるので、もう1つの宇宙に行くことはやはりできません。じつは、ホワイトホールやブラックホールを通って別の世界に行くには、光速以上の速度で運動しなければならないのですが、これについてはこの後で説明します。

さて、シンに引き続いて1960年に、アメリカの数学者マーチン・クルスカル（1925〜2006）とハンガリーの数学者ジョルジュ・セケレッシュ（1911〜2005）が独立に、より明確にシンの結果を再発見します。こうして2つの宇宙が1つのホワイトホールと1つのブラックホールでつながっているという、シュワルツシルド時空の真の姿が現れたのです。今後、本書で「シュワルツシルド時空」といった場合には、ブラックホールとホワイトホールで作られる時空の全体を指すこととします。

シュワルツシルド時空を1枚のノートに描く

第1章で、物理学者は1枚のノートを頭の中に入れて物理現象を見ているという話をしました。ノートの中では縦方向が時間軸を、横方向が空間軸を表していて、そこに描かれる図のことを「時空図」といいます。時空図上では物体は下（過去）から上（未来）に進みます。

ここで物理学者がシュワルツシルド時空を考えるときに、頭の中のノートに描く時空図を示しておきましょう。シンやクルスカス、セケレッシュが見つけたシュワルツシルド時空の構造の図です。ただし無限の空間を1枚のノートに（つまり有限の距離に）収めるために、距離（横方向）を思いきり縮めてあります。また、光の進む経路は常に傾き+1（斜め45度）と-1（斜めマイナス45度）の直線にしています。光よりも速いものはないので、こうしておくと時空全体の過去と未来の関係が見やすいのです。

このような時空図をペンローズ図といいます。この図を完全に理解する必要はありません。下（過去）にホワイトホールがあって上（未来）にブラックホールがあること、それらを挟むように2つの宇宙が存在すること、そしてホワイトホールとブラックホールの中には特異

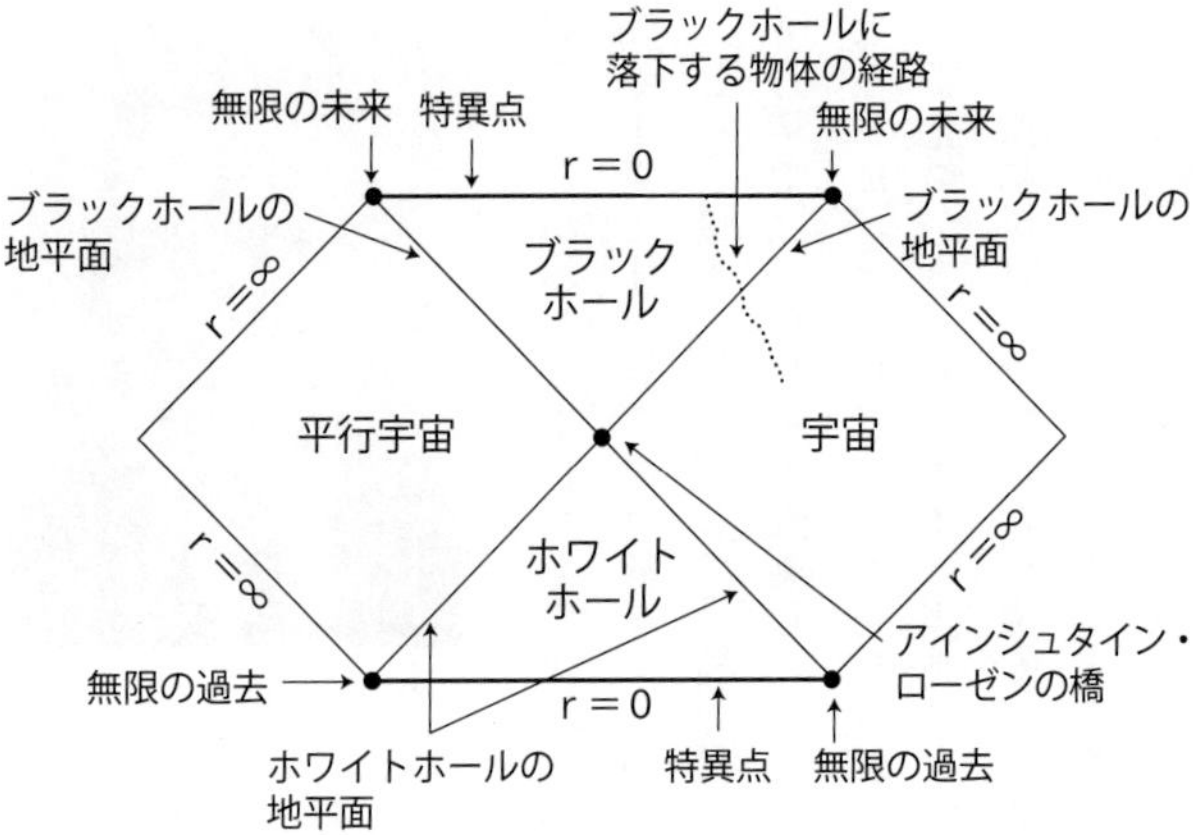

点があって、このような図にすると特異点が横方向に広がっているため、そこが時空の果てとなることが重要です。

量子力学に背を向けたアインシュタインたちの挑戦

じつはシンの研究が発表される15年前の1935年、シュワルツシルド時空が2つの宇宙とそれを結ぶ構造でできていることにすでに気づいていた物理学者たちがいました。それはあのアインシュタインと、共同研究者のイスラエルの物理学者ネイサン・ローゼン（1909〜1995）です。ただし彼らは、ホワイトホールの存在には気がついていませんでした。

そもそも彼らの最初の研究動機は、重力とは何の関係もないことでした。1920年代から30年代にかけては、原子や原子核などのミクロな世界の法則である量子力学が完成し、急速に発展した時期でした。量子力学については第1章でも説明しましたが、量子力学成立のきっかけを作った1人が、じつはアインシュタインでした。1905年に、光には粒子としての性質があることを指摘したのです。それまでは、光の正体は波であると考えられていました。その後、それまで粒子だと考えられていた電子に、今度は逆に波としての性質があることがわかりました。

ネイサン・ローゼン

波は基本的に空間に広がった現象ですが、粒子が存在するのは空間の1点です。波であり粒子であるというのは、矛盾でしかありません。

しかし量子力学は、この矛盾を信じがたい方法で解決しました。第1章で述べたように量子力学では、私たちが観測していないとき、電子などミクロの粒子はいろいろな場所に波のように広がっていて、私たちに観測されたとたんに波が収縮して「粒」となってどこか1ヵ所で見つかると考えます。観測していない時の波はさまざまな高さ（振幅）で広がっていて、波の振幅が高い場所ほど、実際に観測した時にそこで粒として見つかる確率が高くなります。つまり波は、ミクロの粒子がそこで発見される確率を示す「確率の波」だというのです。この解釈はコペンハーゲン解釈と呼ばれ、デンマークのコペンハーゲンにある理論物理学研究所でニールス・ボーアを中心とするグループによって提案されたものです。

しかしアインシュタインは、この波を確率ではなく、何らかの実体を表しているものと考えました。量子力学が正しいとすれば、たとえば月（月はミクロの粒子ではありませんが）は、私たちが月を見た時にだけ「そこ」にあることになり、私たちが誰も月を見ていない時には、月のある場所は1ヵ所に決まらないことになります。そこでアインシュタインは「あなたが見ているときだけ、月はそこに存在していると信じるのか？」とか「神はサイコロをふらない」といって、存在を確率的にとらえる量子力学を認めませんでした。そして量子力学に背を向けて、一般相対性理論をさらに拡張して重力と電磁気力を1つの理論で表す研究に打ち込みました。その研究の過程で「粒子とは何か」という疑問に行き着いたのです。

2つの宇宙を結んで特異点のない時空を作る

アインシュタインとローゼンは、粒子の存在を仮定することなく、波だけで粒子を表せないかと考えました。波は空間に広がっていますが、そのような空間に広がった存在を場といいます。そしてシュワルツシルド時空で表される重力は、物質がないにもかかわらず質量を持っていることに着目したのです。一方でその当時、シュワルツシルド時空について、シュワルツシルド面は特異点だと考えられていました（先に説明したように、この特異点は見かけ上のものだったのですが、それがわかったのは1950年代のことです）。アインシュタインたちもそう考えていましたが、特異点を粒子だと考えると、そこで重力が無限に強くなるので受け入れることができません。そこで特異点なしで質量を表す方法を考えたのです。

そしてたどり着いたのは、不思議な空間の構造でした。アインシュタインとローゼンは、シュワルツシルド面のところでこの宇宙（私たちが住む宇宙）と別の宇宙を結びつけることで、どこにも特異点のない時空ができると考えたのです。シュワルツシルド時空にはかならずシュワルツシルド面（事象の地平面）があります。しかしアインシュタインたちは、重力が無限に強くなるようなシュワルツシルド面は受け入れることができません（繰り返しますが、シュワルツシルド面で重力が無限に強くならないことは当時わかっていませんでした）。そこでアインシュタインたちは、シュワルツシルド時空で表されるまったく同じ宇宙を2つ考えました。そしてある瞬間にお互いのシュワルツシルド面を一致させると、2つの宇宙をスムーズにつなげられることを示したのです。スムーズにつなぐということは、どんな量も無限に大きくならないということで、したがって特異点はないのです。

2つの宇宙をつなげた瞬間には、2つの宇宙を結ぶ扉、あるいは橋のようなものができることになります。現在、この橋を「アインシュタイン・ローゼンの橋」と呼んでいます。残念ながら、この橋もやはり通常の方法では通り抜けることができません。この橋を通り抜けるためには、光速度以上の速さで突入しなければならないからです。

この橋の両側のどちらの宇宙から見ても、シュワルツシルド面に囲まれた領域には物質がないにもかかわらず質量が詰まっているように見えます。以前にも説明しましたが、一般相対性理論では重力は時空の曲がりそのものです。私たちは経験上、物質が持っている質量の存在によって重力ができるとみなしています。しかし時空が曲がっていれば、物質のあるなしにかかわらず質量があると見なすことができるのです。

アインシュタイン・ローゼンの橋の発見の意義

そもそもアインシュタインたちは、電子や陽子などの素粒子を場だけで表そうとしていたので、その質量は非常に小さく、したがってシュワルツシルド半径も非常に小さいものとなります。たとえば電子の場合、そのシュワルツシルド半径は、10^{-51}ミリメートル（1ミリメートルの1000兆分の1の1000兆分の1の1000兆分の1の、そのまた100万分の1！）というとんでもなく小さな半径の抜け道です。しかもその抜け道にたどり着くには、光速度以上の速度で近づかなければなりません。

また現代物理学では、粒子はそれに対応する場の量子力学的な揺らぎと見なされています。これはたとえば電子の場合、電子場というエネルギーが空間の各点にある確率で満ちていると考えます。先に見たような量子力学的な確率です。その確率は波のように空間を伝わっていき、その波の振幅がある値以上になったときに電子という形をとるのです。電子には電子の場、陽子には陽子の場（正確には陽子は素粒子ではなく、クォークと呼ばれる素粒子の複合体なので、クォークの場）というように、素粒子の種類だけ対応する場があることになります。

こうしてアインシュタインたちが最初にもくろんだ、粒子の存在を仮定せずに質量を説明するということは、現代的な場の理論的観点では意味がないことになります。しかし動機が誤っていたことは、発見した時空の構造が存在しないことを意味するものではありません。何より、2つの宇宙を結ぶ時空の構造を発見したこととの意義の方が、はるかに重要です。これは第4章で触れる量子重力理論（重力の量子論）にとって重要な役割を果たす可能性があるからです。

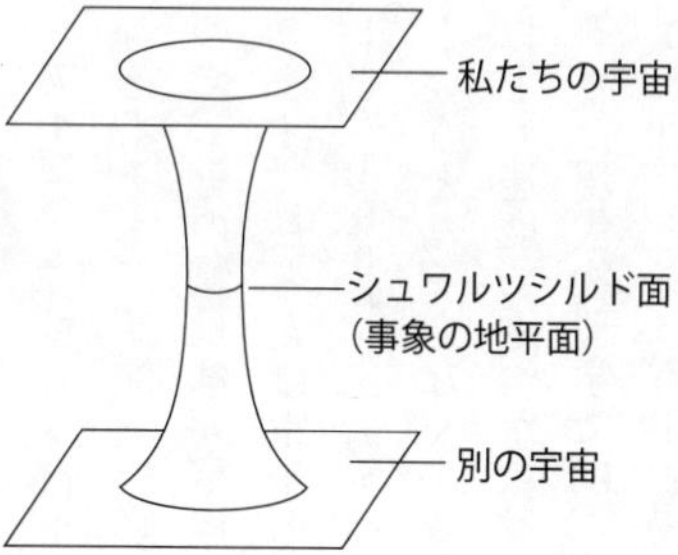

アインシュタイン・ローゼンの橋のイメージ

シンの示した時空構造との関係でいえば、アインシュタイン・ローゼンの橋は、ホワイトホールがブラックホールになる瞬間の構造だといえます。シンの示した時空では、光速度以下でブラックホールに落下すると、そのまま中心の特異点にまで落下し続けます。ブラックホールの中に落ちても、光速度以上で運動すればブラックホールを通り抜けて、もう1つの宇宙に出ることができます。アインシュタイン・ローゼンの橋はブラックホールに飛び込むことなく、もう1つの宇宙へつながる特別の抜け道なのです。

現在、ブラックホールを通じて1つの宇宙と別の宇宙を結ぶ時空構造、あるいは1つの宇宙の中で2つの違った事象（それぞれ別の場所と時間）を結ぶ時空構造のことを「ワームホール」と呼んでいます。これは1957年にホィーラーとアメリカの物理学者チャールズ・ミスナー（1932～　）が、リンゴの虫食い穴からの連想で付けた名前です。リンゴの表面を時空と考えると、表面のある点から裏側の別の点まで移動するのに、表面上を移動するより内部の虫食い穴を通っていく方が近道となります。このようにワームホールは、短時間で時空の離れた2点を移動できる可能性のある時空の抜け道でもあるのです。アインシュタイン・ローゼンの橋は最初に発見されたワームホールの構造になります。

ブラックホールには「毛」がない？

ワームホールについては後で再び触れることにして、ここから別の話題に移ります。シュワルツシルド時空におけるブラックホールは、第1章で説明したシュワルツシルド解が表すブラックホールであり、これは回転していない完全に丸いブラックホールです。これをシュワルツシルド・ブラックホールといいます。これとは別の種類のブラックホールについて触れておきましょう。

シュワルツシルド・ブラックホールは回転していない完全に丸いブラックホールですが、ブラックホールが星の重力崩壊でできるとすると、星は自転していますし、完全に丸い星など存在しません。重力崩壊が起こるまでの進化の過程で、星は外層の物質を吹き飛ばし、全体の回転は徐々に遅くなっていきますが、中心部の回転はそれほど影響を受けません。そして重力崩壊が起こると中心部は急激に小さくなり、それに伴って回転も速くなっていきます。このように、星の重力崩壊でできるブラックホールは回転していると考えるのが自然です。

そもそもブラックホールはどんな性質を持つことができるのでしょう。質量が太陽の30倍程度以上の重い星が重力崩壊してブラックホールができるわけですが、恒星は質量がまったく同じでも、その回転の様子や物質の組成、物質分布の様子、表面の形、内部構造など、恒星の持っているさまざまな性質があり、どれ1つとして同じものはありません。したがって恒星からできるブラックホールもさまざまな性質を持つと思うかもしれません。

しかしいったんブラックホールになってしまえば、その中には物質は存在することができません。そのため、物質の持っていたほとんどの性質は、ブラックホールの表面に隠されて外の世界からは跡形もなく消えてしまうのです。そして残る性質は、ブラックホール全体としての質量と回転（これを角運動量といいます）、そして電荷という3つだけです。

このことを、ブラックホールの「無毛定理」といいます。恒星の重力崩壊や重い星同士（連星）の衝突などでブラックホールができるときには、その周囲の時空が激しく振動し、その形も千差万別でさまざまな性質（毛）を持っているでしょうが、最終的に落ちつく過程で、それらの性質（毛）がどんどん消えていき、できたブラックホールには3つの性質しか残っていないということです。

ブラックホールの4つの種類

ブラックホールの無毛定理のおかげで、宇宙に存在するブラックホールは4種類しかないことがわかります。これらのブラックホールは、それを表すアインシュタイン方程式の解を見つけた研究者の名前で呼ばれています。

質量しか持たないブラックホール、これがシュワルツシルド・ブラックホールです。質量と電荷を持ったブラックホールを、ライスナー・ノルドストロム・ブラックホール、質量と角運動量を持ったブラックホールをカー・ブラックホール、そして3つのすべての性質を持ったブラックホールをカー・ニューマン・ブラックホールといいます。

この中で特に天文学にとって重要なのが、カー・ブラックホールです。というのは、一般に天体は全体としてプラスにもマイナスにも帯電していないこと、またプラスあるいはマイナスの正味の電荷がある場合には、一般的な状況では電気的な反発力が重力よりははるかに強いため、そもそも天体が形成されないと考えられているからです。

ブラックホールが回転している場合、シュワルツシルド・ブラックホールとはその外側も内側もまったく違う様相を示します。それを見ていきましょう。

回転するブラックホールの周囲の時空が回り出す

第2章で話しましたが、回転するブラックホールを表すアインシュタイン方程式の解は1963年、ニュージーランドの数学者ロイ・カーによって発見されました。発見当時、学会でカーの発表を聞いた人によると、聴衆のほとんどは何をいっているのかわからなかったそうです。

ブラックホールに限らず天体が回転している場合、その外側の時空の様子は、ニュートンの重力理論で考えるものと決定的に違います。回転する天体の遠くから、その天体に向かって落下する人を考えてみます。

ニュートンの重力理論では、天体の回転は周りの空間に何の影響も及ぼしません。したがってこの人は天体に向かってまっすぐに落ちるだけです。天体がいくら速く回転していても、同じことです。ところが一般相対性理論では、回転している天体の周りの空間は、天体の回転に引きずられて一緒に回転しているのです。バケツの中に水をためて、その真ん中に長い棒をまっすぐに入れた状況を思い浮かべてください。そしてその棒をくるくると回転させると、周りの水が棒の回転に引きずられて回転を始めます。これと同じことが起こるのです。

したがって回転天体の遠くから、その中心に向かってまっすぐロケットで進むと、天体に近づくにつれて、ロケットの進路は天体の回転と同じ方向にだんだんずれていくのです。ロケットはあくまでまっすぐに進んでいるのですが、いつの間にか進路がずれているのです。ずれる原因は空間そのものの運動です。ロケットが天体に近づくにつれて、天体の回転方向に引きずられるように天体の周りを回り始めるのです。

ロイ・カー

この現象を「慣性系の引きずり」と呼びます。慣性系というのは何の力も受けていない観測者（ロケット）のことだと思ってください。もちろん天体からの重力は受けていますが、天体に向かって落下している観測者にとって天体の重力は消えています。これは国際宇宙ステーションの中で起こっていることと同じです。国際宇宙ステーションが地球の周囲を回っているのは、常に地球に向かって落下しているからです。観測者は空間に対して静止しているのですが、空間自体が天体の周囲を回りながら落下しているのです。

地球の周囲の空間も、地球の自転に引きずられて回っています。とはいっても地球の場合、この回転は非常にゆっくりで、検証は困難だとも考えられていました。

しかしアメリカのNASAとスタンフォード大学の研究チームは、上空642キロメートルの極軌道（北極と南極の真上を通過する軌道）を周回する人工衛星に搭載した装置で、2004年から検証実験を行いました。その結果、1年あたり0・000011度というわずかな角度だけ、地球の周りの空間が回転していることがわかり、2011年に発表されたのです。この値は一般相対性理論の予言と矛盾しないという結果でした。

カー・ブラックホールの周囲に現れる特別な領域とは？

さて、回転するブラックホールであるカー・ブラックホールの場合、慣性系の引きずり効果が非常に顕著に現れます。ブラックホールの周囲では中心方向に引き付けられる重力と回転方向の慣性系の引きずりの効果が相まって、特別な領域が出現するのです。それはどのような領域なのでしょうか。

強力なエンジンを積んだ宇宙船で、この特別な領域の中に飛び込んでみましょう。この領域はまだブラックホールの表面の外側なので、この中に落ち込んでも、宇宙船を外向きに加速することでブラックホールから一定の距離を保ったり、さらにこの領域から抜け出すこともできます。

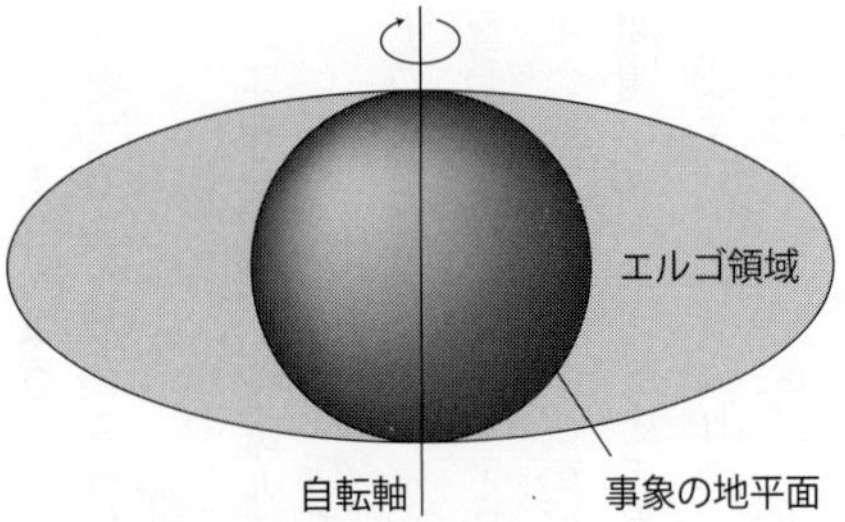

エルゴ領域のイメージ

問題はブラックホールの回転方向への運動です。宇宙船を回転と逆の方向にどんなに加速しても、宇宙船はブラックホールの回転方向に動いてしまうのです。これは、ブラックホールの回転方向への重力によって引かれる速度と、ブラックホールの回転方向への速度を合成すると、光速度を超えてしまうことが原因です。そのため、この領域内で光をブラックホールの回転方向と逆向きに出しても、この光はブラックホールの回転方向に進んでしまいます。

この領域を「エルゴ領域」といいます。この名前をつけたのは、またもやあのホィーラーです。1971年のフランスアルプスの山の中で開かれた、大学院生たちを集めた夏の学校の講義で提案したそうで、ギリシャ語の「仕事」を意味する ergon

に由来しています。なぜ「仕事」なのか、それはエルゴ領域がある意味「エネルギーのたまり場」のようなところだからです。

エルゴ領域からエネルギーを取り出す不思議な方法とは？

エルゴ領域そのものは、ホィーラーとほぼ同時期に何人かの研究者が気づいたようで、特定の人が発見したというわけではありません。しかしその重要性に気がついたのは、本書の冒頭でも登場したペンローズです。1969年、ペンローズはエルゴ領域から外にエネルギーを取り出せることを示しました。そしてこのことを利用して「ごみ問題」と「エネルギー問題」を一挙に解決する方法を提案したのです。いったい、どういうことなのでしょうか？

まず、ごみを入れたごみ箱をエルゴ領域の外から中に放り込みます。ごみ箱はエルゴ領域の中でふたが開き、ごみだけをブラックホールの中に落とし、空のごみ箱はエルゴ領域の外に飛び出て回収できるしくみになっています。このとき、ごみ箱からごみをある適切な方向に放り出すと、ごみは「負のエネルギー」を持ってブラックホールに落ちていくのです。するとごみを放り出す前後でエネルギーは保存されるので、ごみ箱の方は、最初に「ごみ箱＋ごみ」の全体が持っていたエネルギーより大きなエネルギーを持って外に飛び出してくるのです。

これは式で書いた方が納得できます。最初に持っていたエネルギーをEとしましょう。これをE_1とE_2に分けます。したがって$E = E_1 + E_2$です。ごみのエネルギーが$E_1 < 0$でマイナスなのです。するとごみ箱のエネルギーE_2は$E_2 = E - E_1 > E$となって、最初に持っていたエネルギーより大きな値になるのです。

高等文明は「ブラックホール発電所」を作っている？

ごみを光に近い速度でブラックホールに落下させるような理想的な状況が実現できたとしたら、先ほどの方法で得られるエネルギーは、最初に持っていたごみとごみ箱を合わせた質量の20％程度になります。核融合反応で得られるエネルギーは質量の0・6％程度にすぎないことを考えると、莫大なエネルギーを取り出すことができるのです。エルゴ領域からエネルギーを取り出すこの方法を「ペンローズ過程（ペンローズプロセス）」といいます。

こうして回転するブラックホールを利用すれば、ごみは捨てられるし、エネルギーは得られるし、一挙両得です。さらに1個の物体を2つに分けるのではなく、2つの物体をエルゴ領域に落下させて衝突させ、1つをブラックホールに落とし、残りを回収することでさらに効率よくエネルギーを取り出せることもわかっています。銀河系のどこかに高度に進んだ文明があったら、この方法で「ブラックホール発電所」を作っているのかもしれません。

さて、ペンローズ過程で私たちはエネルギーを得られますが、負のエネルギーを吸い込んだブラックホールはどうなるのでしょう？　この答えは次の章にも深くかかわってきます。詳しい話は次章ですることにして、ここでは答えだけを書くと、負のエネルギーを吸いこんだブラックホールは、回転エネルギーが減るのです。したがってごみを飲み込むほど、ブラックホールの回転がだんだん遅くなります。ペンローズ過程でエネルギーを掘りつくすと、最後には回転は止まりシュワルツシルド・ブラックホールになってしまいます。宇宙には高等文明が使い捨てたシュワルツシルド・ブラックホールがあるのかもしれません。

カー・ブラックホールの奇妙な内部構造

今度は、カー・ブラックホールの内部を覗いてみましょう。そこはシュワルツシルド・ブラックホールとはまったく違った世界になっています。

シュワルツシルド・ブラックホールの場合、その表面である事象の地平面は1つだけで、その中に落ちると後は特異点に引き込まれるだけです。ところがカー・ブラックホールの中にはもう1つ事象の地平面があるのです。外の地平面を外部地平面、中の地平面を内部地平面といいます。

そもそも事象の地平面とは、遠くから見るとそこで光が止まっている表面でした。外部地平面では外向きに出した光が、そこで止まっています。したがっていったん外部地平面の中に入ってしまうと、そこから抜け出すことができず、どんどん内側に落ちていくしかありません。

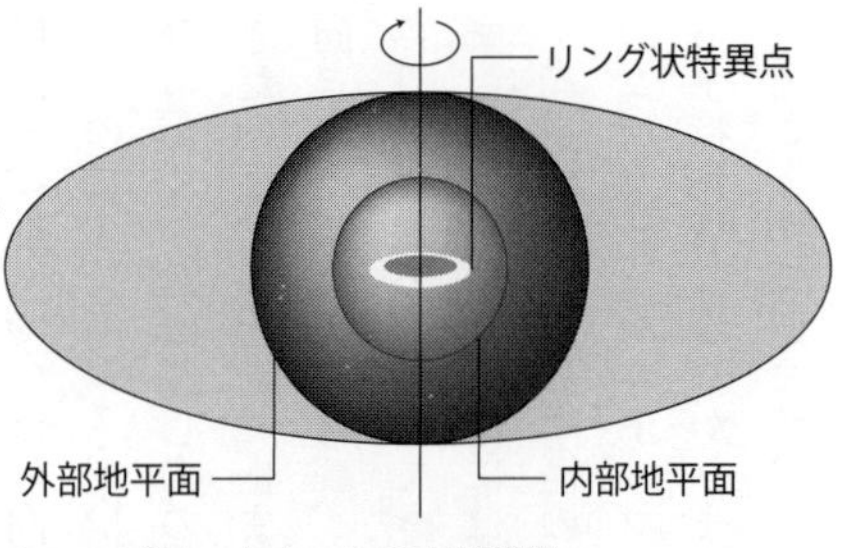

カー・ブラックホールの内部構造

外部地平面の中に入ると、外向きに出した光であってもかならず内向きに進み、中心からの距離が小さくなる一方です。これは、時間が未来方向にしか進まないことに似ています。一方、ブラックホールの中では、時間は未来にも過去にも進めます。これは空間が右にも左にも進めるのと似ています。つまりブラックホールの中では、中心からの距離が時間のように、時間が空間のようにふるまうのです。

シュワルツシルド・ブラックホールの場合、この状態が特異点にいたるまで続きます。これはブラックホールの中では、外向きに出した光が内向きに進むからです。内向きに向かう速度は中心に近づくにつれ、どんどん速くなっていきます（このときの光の速度というのは、無限遠方から見た速度のことです）。

しかしカー・ブラックホールの場合、ブラックホールの中で内向きに進んでいた外向きに出した光の速度が、中心に近づくにつれてだんだん遅くなっていくのです（あくまで内向きに進んでいます）。これはブラックホールの回転による効果です。ひらたくいえば遠心力の影響だと思ってください。そして中心からある距離のところで内向きだった光がそこで止まってしまうのです。これが内部地平面です。内部地平面の中では外向きに出した光は再び、外向きに進むようになります。したがってこの中では、内部地平面の外には出ることはできませんが、中心に近づくこともできれば遠ざかることもできます。また内部地平面の中には、特異点が現れます。この特異点はやはり遠心力のため、点ではなく赤道面上である半径の円の円周上に広がっています。

シュワルツシルド・ブラックホールの場合は、いったんブラックホールの中に入るとかならず特異点にぶつかりますが、カー・ブラックホールでは内部地平面に入っても特異点を避けることができます。それは内部地平面の中では、中心から離れることも遠ざかることも自由にできるからです。特異点の外側に留まっている人は、内部地平面の外には出られませんが、一方でその領域の中にいつまでも留まっていることもできません。ではどこに行くのでしょうか？

カー・ブラックホールは無限の宇宙をつなぐワームホール？

カー・ブラックホールの内部地平面の内側は非常に不思議な構造をしています。それを知るためにも、もう少し詳しくカー・ブラックホールの全体的な時空構造を見ておきましょう。

シュワルツシルド・ブラックホールがシュワルツシルド時空の一部でしかなかったように、カー・ブラックホールもカー時空と呼ばれる時空構造の一部になっています。シュワルツシルド時空をおさらいすると、2つの宇宙がホワイトホールとブラックホールでつながっていました。これと同じように、カー・ブラックホールも光速度以上の運動で結ばれる2つの宇宙が平行して存在しています。2つの宇宙は、ブラックホールの内部やアインシュタイン・ローゼンの橋で結ばれています。ここまではシュワルツシルド・ブラックホールと同じです。違いはブラックホールの中で、カー・ブラックホールには内部地平面があることでした。ブラックホールに飛び込んだ人はかならず内部地平面の中に引き込まれます。

先に説明したように、内部地平面の中にはリング状の特異点（特異線というべきですが）がありますが、そのリングの半径の球の外側に留まっていることができます。この領域の未来には地平面があって、かならず通り抜けることになります。通過すると、そこはカー・ホワイトホール（カー・ブラックホールと対になって存在するホワイトホール）になっています。ホワイトホールですから、そこに入るやいなや地平線から飛び出して、ほかの宇宙に飛び出していくのです。この時飛び出す先の宇宙はシュワルツシルド時空の場合と同じように2つの宇宙です。そしてそれらの宇宙にもカー・ブラックホールが存在して、同じことが無限に繰り返されているのです。こうしてカー時空の内部地平面は、ほかの宇宙へのワームホールになっています。

さて、他の宇宙に行くには、リング状の特異点の外側に留まっていなければなりませんでした。では外側に留まらず、リング状の特異点を通り抜けたらどこに行くのでしょうか？　なんとそこにはもう1つ、非常に不思議な無限の宇宙が広がっています。この宇宙の特異点近くの時空領域では、未来方向に進んでいくといつの間にか出発点とした時刻と場所に戻ってくることが可能なのです。リングの内部はタイムマシンになっていて、無限にその中で留まっていることが可能です。とはいえ、このリング状特異点を通り抜けた宇宙が実際にどのようなものかは、じつは諸説あって確定したことはよくわかっていません。

ここで再び物理学者の頭の中のノートを覗いてみましょう。今度はカー時空が書かれたページです（図参照）。これも完全に理解する必要はありません。縦方向は時間軸で、下が過去を、上が未来を表しています。横方向は空間軸です。そしてシュワルツシルド時空と同様に平行宇宙が現れますが、今度は内部地平面があって、その中に縦方向に特異点が伸びているため、ワームホールの扉が開いて新しい宇宙のホワイトホールにつながることが何となくわかれば結構です。

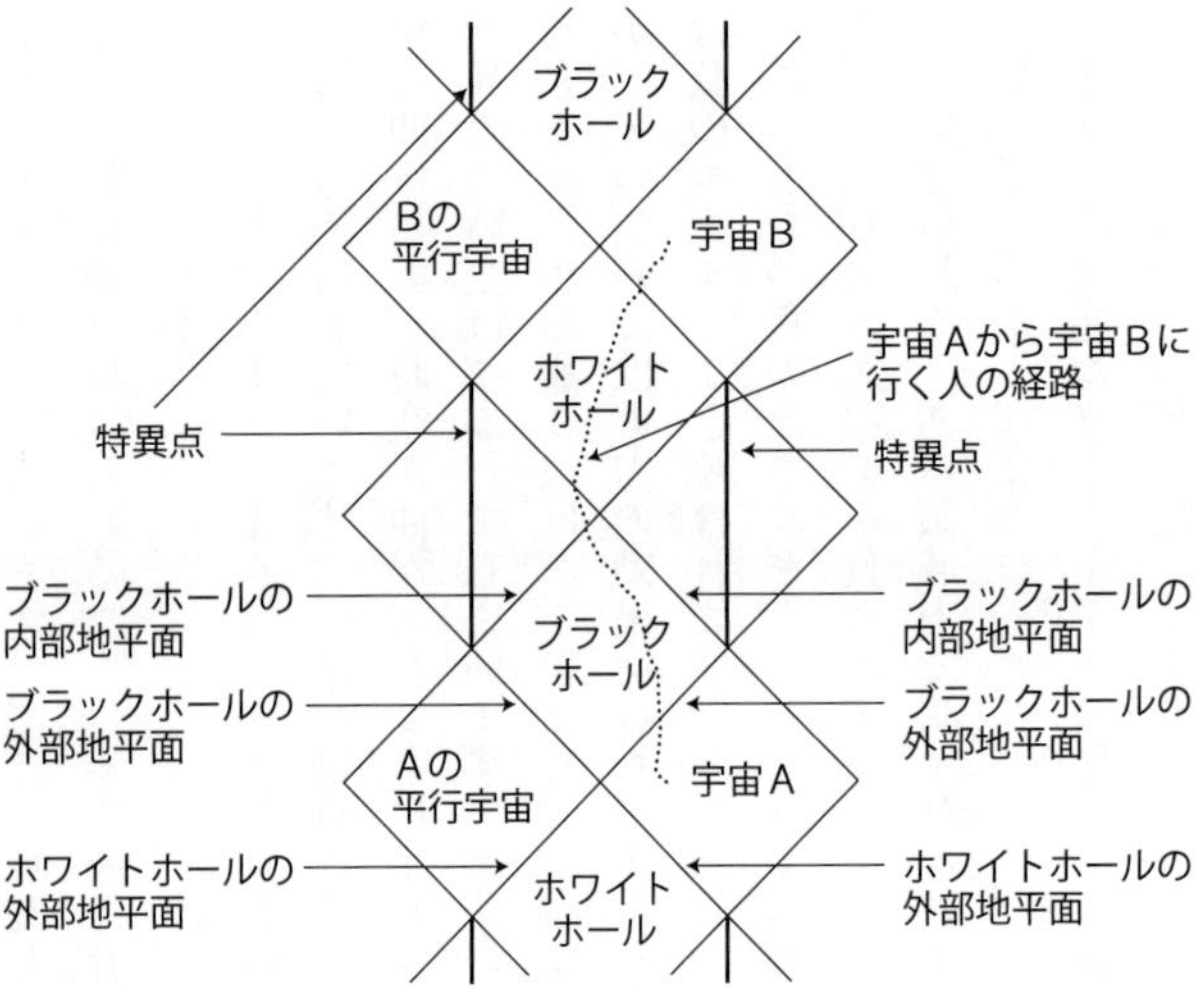

ここまで述べてきたカー時空の不思議な構造は、物質が何もない真空という条件で存在する構造です。しかし現実の宇宙において星の重力崩壊で回転するブラックホールができるときには、大量の物質が大きな加速で落下するため、内部地平面を壊してしまうと考えられています。したがって現在の宇宙でできるカー・ブラックホールでは、別の宇宙への扉は閉じてしまうのです。

通り抜け可能なワームホールを作るには？

シュワルツシルドにしろカーにしろ、ブラックホールの時空構造は、別の宇宙へのワームホールという一面を持っています。しかし、どちらの場合も実際には通り抜けることができないか、できたとしても一方通行だけのワームホールだとされています。では、私たちが住んでいる宇宙の離れた2つの場所を結び、かつ実際に通り抜けられるワームホールは存在するのでしょうか、あるいは作ることができるのでしょうか？

このようなワームホールは、ある特別な性質を持ったエネルギーが利用できれば、存在できると考えられています。通常の物質は正のエネルギーを持ち、そのような物質を使って時空を曲げると、時空が曲がったことによりさらに時空の曲がりが大きくなって地平面ができ、特異点で時空はつぶれてしまいます。事象の地平面が現れると、その中から逃げ出すことはできませんから通り抜けができません。事象の地平面が現れない程度に時空を曲げるのですが、そのためには重力の効果を打ち消すようなエネルギーが必要です。この種のエネルギーは負のエネルギーと呼ばれます。

このときの負のエネルギーはペンローズ過程のときに説明した負のエネルギーとは別物です。ペンローズ過程での負のエネルギーは、カー・ブラックホールという特別の時空構造によって作られる、ある領域内で測ったものですが、ここでは何らかの「存在」の持っている「負のエネルギー」です。

通り抜け可能なワームホールの作り方を説明しましょう。それには、空間のある場所から負のエネルギーを使ってワームホールを作っていき、別の場所で元の時空につながるようにします。あるいは2ヵ所から別々にワームホールを作っていき適当なところでつなげます。

　3次元空間で話をするとイメージがしにくいので、次元を1つ落として空間を2次元の平面だとして考えてみます。するとワームホールとは、その面の1ヵ所から別の場所に細い管をつけるようなものです。ただしこのとき、面の外側や管の中の穴は空間ではなく、2次元の面を視覚化するための仮想的な空間です。管の内側の面が実際の3次元空間を表しています。そして2次元平面にいる住民は、マンガの登場人物のように面の中に閉じこめられていて、面内でしか動けません。したがって管の内側の面が空間なのです。

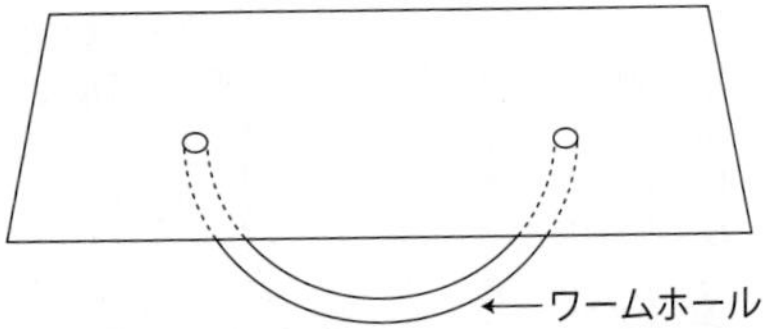

3次元空間を2次元で表した時のワームホールのイメージ　ワームホールの内部の面を通るほうが、平面上を進む場合よりも「近道」になる（図では遠回りに見えるが）

　面の1ヵ所から別の場所に移動するとき、2次元住民は通常この平面の上を移動します。しかしワームホールがあると、ワームホールの内側の面を伝わって移動することができます。ワームホールの特徴は、ワームホールの2つの入り口同士が「ほぼ同じ時刻」で結ばれているということです。これは、ワームホールの中で重力が非常に強くて時間の流れが遅いためではありません（もし重力が強ければ、安全にワームホールを通り抜けることができません）。負のエネルギーを使うことで、2つの入り口の間の実質的な距離を短くできるのです。こうしてワームホールを通過すると、ほぼ瞬時に離れた場所に移動できることになります。

ミクロの世界に存在するワームホール

負のエネルギーというと架空の存在のように思うかもしれませんが、負のエネルギーは理論的に存在することが知られています。たとえば現在の宇宙を加速膨張（だんだん膨張の速度が速くなっていく膨張）させている原因である未知のエネルギーは暗黒エネルギーと呼ばれていますが、それも負のエネルギーの一種です。したがってワームホールを作ることは原理的に可能と思われますが、その構造を安定的に維持できるかはよくわかっていません。安定して存在させるためには、重力だけでなく磁場の力も必要かもしれません。ワームホールは重力の引力と負のエネルギーの反発力でできているので、どちらかが少しでも大きくなると、ブラックホールになるか爆発してしまうでしょう。

そんな危うい存在のワームホールですが、物理学者はワームホールが存在していると思っています。ただし存在するのは、原子よりもはるかに小さなミクロの世界です。

一般に原子程度よりも小さな世界は、量子力学が適用される世界です。量子力学では、あらゆる量は確定した値をとらず、たえず揺らいでいます。これを量子力学的揺らぎ、あるいは単に量子揺らぎといいます。

重力も同様に、非常に小さなスケールでは絶えず揺らいでいます。重力というのは時空の曲がりですから、時空の曲がりが大きくなったり小さくなったりしているということです。わかりにくければ、2次元の面を考えてください。この面が平らな時が、重力がない状況を表します。重力の量子揺らぎとは、この平面を非常に小さなスケールで見ると、たえず凸凹ができては消え、できては消えているようなことです。さらに注意深く見ると凸凹だけではなく、小さな小さなワームホールもできては消え、できては消えているのです。

マクロサイズのワームホールを作れる？

この後で述べますが、ワームホールを通過することができれば、これをタイムマシンとして利用できると考えられています。しかし量子スケールのワームホールを通れるのは、素粒子など量子スケールのものだけです。実用的なタイムマシンとなると、人間が乗れるサイズのものとはいわなくても、ある程度大きな装置、たとえば分子マシンとよばれる、外部からの刺激に応答して制御された動きをする分子サイズの機械などを過去に送り込めるタイムマシンが必要です。したがってその時のワームホールもある程度以上の大きさでなければなりません。

では、ミクロなスケールのワームホールをスケールアップして、マクロな存在にできるでしょうか？　あるいは何らかの方法でマクロなワームホールを作ることができるのでしょうか。

ワームホールというのはブラックホールの親戚のようなものですから、マクロなスケールのワームホールを作るには、それと同じサイズのブラックホールを作る程度のエネルギーが必要です。たとえば半径3メートルのブラックホールの質量は太陽質量の1000分の1、だいたい木星の質量程度です。したがって入り口の半径が3メートル程度のワームホールを作るには、木星程度の質量と負のエネルギーを操らなければなりません。これは少なくとも現代の科学技術では到底不可能です。

分子マシンが通れるサイズとして、たとえば半径3ナノメートルのワームホールを作るとしても、月の質量の30万分の1程度の質量が必要です。これは小さいと思えるかもしれませんが、小惑星探査機「はやぶさ」がタッチダウンした小惑星イトカワの質量の1000万倍に当たります。したがってこんな小さなワームホールですら、現在の技術で人工的に作るのは不可能です。

しかし原理的にワームホールという時空の構造が可能であるということが、時空の性質を考える上では重要なのです。そして遠い未来の人類は、あるいは銀河系のどこかの超高等文明では、マクロサイズのワームホールを作る技術を持っているかもしれません。

ワームホールとタイムマシン

この章の最後に、ワームホールを使ってどのようにタイムマシンを作るのかを紹介しましょう。

2017年、ノーベル物理学賞は重力波の検出によって3名の物理学者に授与されました。そのうちの1人、キップ・ソーンはアメリカの相対性理論研究の大御所的存在であり、多くの相対性理論研究者を育てたことでも知られています。

キップ・ソーン
Keenan Pepper

1988年、ソーンと当時の彼の学生だったマイケル・モリス、アルビ・ヤートセーバーはワームホールを使ったタイムマシンの論文を発表して、大きな話題となりました。それ以前にもタイムマシンに関する論文はいくつか発表されていましたが、大きな話題にはなりませんでした。そもそもほとんどの物理学者はタイムマシン自体の存在を頭から認めていなかったのです。にもかかわらずソーンたちの論文が大きな話題になったのは、誰もが認める一流の物理学者が、しかも非常に評価の高い学術雑誌に発表したからです。

そもそもソーンは最初からタイムマシンを研究したわけではなく、通り抜け可能なワームホールができるための条件を研究していました。きっかけは、友人で天文学者のカール・セーガン（1934〜1996）が地球外高等文明との接触を題材としたSF小説『コンタクト』を書く際、その中の恒星間航法について相談されたことだそうです。セーガンは最初、ブラックホールとホワイトホールを使った方法を考えたようですが、ソーンはワームホールの方がまだ現実的だと指摘し、実際に通り抜け可能なワームホールを作るにはどのようなエネルギー源が必要かを調べたのです。

ワームホールは空間の離れた2つの場所を同時刻で結ぶため、実質的に超光速で移送することになります。超光速で運動すると時間をさかのぼれることが知られています。そこでワームホールを利用したタイムマシンの可能性を研究したのです。その結果、通り抜け可能なワームホールを作れたならば、次のような方法でこれをタイムマシンとして使えることを提案しました。

まず、たとえば地球の近くと月の近くにそれぞれ入り口（出入り口）を持ったワームホールを作ります（ここではワームホール自体の重力の影響は考えないことにします。もし考えると地球や月の運動、あるいは太陽系の中の惑星の軌道にも影響を与える可能性があるので、太陽系から遠く離れた宇宙空間に作らなければなりません)。次に、月の近くのワームホールの入り口を、光速の80%の速度で4光年かなたまで移動させます。移動を始めた時刻を0としましょう。そしてUターンして光速の80%の速度で月に戻ってきたとします。この場合、月の基地にいる人にとっては、時刻10年で宇宙船は戻ってきます。その時、地球のそばにあるワームホールの入り口の時刻も10年です。

しかし光速の80%で運動しているワームホールの入り口の時間は、月の基地にいる人の時間の進み方に対して、その60%で進みます。これは第1章で登場した特殊相対性理論が説明する「速く運動するほど、時間の進み方が遅くなる」という現象のためです。運動の速さが光速度に近づくほど時間の進み方は遅くなり、光速の80%で運動するワームホールの入り口は、月の基地にいる人(静止している人)の時間の進み方に対して60%の遅さになることが計算で導かれます。このため、月の近くに戻ってきたときには、その入り口は時刻6年(10年×60%)です。こうして、時刻の違った2つのワームホールの入り口が地球付近と月付近に準備されたことになり、これでタイムマシンの完成です。

そこで月の基地にいる人がそばのワームホールに飛び込むと、2つの入り口は同時刻で結ばれているので、地球のそばのワームホールの入り口から時刻6年で出てくることになります。そして月に移動すれば、出発した時刻10年より前の時刻に月の基地に着くのです。出発する前の過去に戻ったのですから、これはタイムマシンです。

人間が通り抜け可能なワームホールを作ることはどんな高等文明でも不可能かもしれませんが、たとえば小さなナノマシンを行き来させる程度のワームホールならできるかもしれません。過去や未来の情報さえ得ることができれば、人間を送り込む必要もないでしょう。

また、ワームホールの入り口を高速で動かすのは難しいかもしれませんが、代わりに入り口をゆっくり動かしてブラックホールの近くに持っていくことでもタイムマシンが作れます。近くにブラックホールがなければ、中性子星でもかまいません。ブラックホールや中性子星など重力が強いところでは時間はゆっくり進むからです。適当な時間、ワームホールの1つの入り口をブラックホールか中性子星の近くに置いておくだけです。たとえばブラックホールの半径から2倍のところで1年間過ごすと、その間に地球上では約1・4年経過します。ブラックホールに近づけば近づくほど、時間差が大きくなります。ブラックホールの表面から半径の1%のところに1日留まると、その間地球では10日ほど経過しています。原理的にはブラックホールに近づけば近づくほど何十年、何百年でも時刻の差がある2つの入り口ができあがりますが、ブラックホールの近くに留まっているためには莫大なエネルギーが必要なので実用的ではないかもしれません。とにかく時間差のあるワームホールの入り口を作れば、タイムマシンができあがるのです。

ホーキングの時間順序保護仮説

大多数の物理学者はタイムマシンの存在に疑いの目を持っています。ワームホールに限らずタイムマシンの時空は、未来に進むといつの間にか過去になっていて出発した時刻に戻るという時間の構造を持っています。この構造を「閉じた時間曲線」といいます。たとえば中性子星のような超高密度の物質で長さ数千キロの円筒を作って、それを中心軸周りに高速度、たとえば円筒表面の速度が光速度の半分以上で回転させると、この円筒の周りに閉じた時間曲線が出現し、タイムマシンとなることが1974年にアメリカの数理物理学者フランク・ティプラー（1947〜　）によって指摘されています。

閉じた時間曲線が出現すると、周りから光がその経路に入ってきたとき、光は何度も何度も繰り返し同じ経路上を運動することになります。したがってその経路上で光のエネルギーがどんどん積み重なって無限に大きくなるでしょう。一般相対性理論では、このような閉じた時間曲線にエネルギーがたまってくることによる影響はまったく考慮されていません。注意深くこの経路を周りから遮断して光が入ってこないようにすればよいと思うかもしれませんが、そうはいきません。ミクロの世界の法則である量子力学では何もない空間でもエネルギーの揺らぎがあるので、その揺らぎが閉じた時間曲線上で積み重なるはずです。ホーキングはこの量子力学に起因するエネルギーによって閉じた時間曲線は壊されるだろうと予測しました。この主張はタイムマシンができないことを意味するので、「時間順序保護仮説」と呼んでいます。ホーキングはいまだかつて未来からの旅行者がいないことが、その証拠だといっています。

しかしワームホールタイムマシンの場合、ワームホールを作り始めた時間までしかさかのぼることができません。したがって現在、未来からの訪問者がいないからといって少なくともワームホールタイムマシンが存在しないことにはなりません。人類はまだ通り抜け可能なワームホールを作れるほどの文明は持っていないからです。しかし銀河系のどこかで、またはどこかの銀河に超高等文明が存在してワームホールタイムマシンをつくっているかもしれません。

現在のところ「時間順序保護仮説」が正しいのかどうかわかっていません。ただこの仮説が正しくないとしても、ごく微小な物体をごく短時間だけ時間移動させることはできるが、物体が大きくなるほど、また時間が長くなるほど、時間移動させることは急激に困難になるという時間旅行を厳しく制限する法則はあるのかもしれません。

第4章

ブラックホールは幻か？

ブラックホールの情報パラドックス

ブラックホールは「エントロピー」を持つ!

これまで、物理学者の頭の中でどのようにブラックホールが生まれたか、そして実際に宇宙にさまざまなブラックホールが存在することが明らかになったことを見てきました。最後の第4章では、ブラックホールが現代物理学に突きつけた根本的な問題と、それに対する物理学者の解答についてお話しします。

これは現在進行形で進んでいるブラックホール研究、基礎物理学研究の最前線であり、誰もまだ正しい到達点を知りません。到達点にたどり着くことが可能なのかさえもわからない、物理学者の挑戦のお話です。まずその発端から話を始めましょう。

1972年、当時プリンストン大学の大学院生だったイスラエル出身のヤコブ・ベッケンシュタイン(1947〜2015)は、それ以降のブラックホール研究ばかりか素粒子論研究の流れを変え、さらには「存在」の概念そのものを変える大胆な研究成果を博士論文として発表しました。彼は、ブラックホールがエントロピーを持っていて、そのエントロピーはブラックホールの表面に蓄えられているはずだと提案したのです。

エントロピーとは熱を持った物体に備わった性質で、とりあえず「熱の移動方向の目安」と思ってください。熱はエントロピーの低い状態から高い状態に移動するのです。

したがってエントロピーという言葉を持ち出す時点で、考えている対象は熱を持っていること、すなわちある温度を持っていることを意味します。この章では、この提案の経緯や意味、そしてこの提案の示唆することを説明していきましょう。

不等号で表されるエントロピー増大の法則

若手研究者は本人の才能はもちろんですが、どこでどの指導教官につくかがその後の研究活動の大きなウェイトを占めます。その格好の例がベッケンシュタインでしょう。そもそも彼の提案は、プリンストンでジョン・ホィーラーが指導教官だったからこそ出てきたものです。

当時、プリンストンはホィーラーの指導の下、世界中から秀才・天才たちが集まって、さまざまなブラックホールの研究が行われていました。そしてホィーラ

ヤコブ・ベッケンシュタイン

ーは常々、ブラックホールがあると「エントロピー増大の法則」が成り立たなくなるとベッケンシュタインに語っていたそうです。

エントロピー増大の法則について説明しましょう。この法則は、物理学の中でも非常に変わった法則です。普通、物理学の法則は「A＝B」というように等号（＝）を使った方程式で表されます。たとえば変化の前のエネルギーの総和Aと、変化後のエネルギーの総和Bは等しいというエネルギーの保存法則がそうです。あるいは重力の基礎方程式であるアインシュタイン方程式もこの形です。ところが不等号で表される唯一の法則があって、それがエントロピー増大の法則です。エントロピーSと呼ばれる量があって、その変化量dSが常に正か0、すなわち$dS \geqq 0$という数式で表されます。

具体例を挙げましょう。水槽に仕切りをつけて、一方に熱いお湯、もう一方に冷たい水を用意します。そして仕切りを外すと、熱いお湯から冷たい水に熱が移動して、最終的に均一の温度のぬるま湯になります。しかしこの逆の現象、つまりぬるま湯が熱いお湯と冷たい水に分かれる現象は、自然には決して起こりません。そしてこの時、熱いお湯と冷たい水が分かれて存在するという状態のエントロピーは低く、それが混ざったぬるま湯のエントロピーは高いことになります。エントロピーの低い状態から高い状態に変化するが、その逆は自然には起こらない、というのがエントロピー増大の法則です（エントロピー自体が何を表すかは、のちほどあらためて説明します）。

エントロピー増大の法則は、熱力学第2法則とも呼ばれます。第2法則というからには、第1法則もあります。熱力学第1法則は、エネルギーは変化の前後で変わらないというエネルギーの保存則です。熱いお湯の熱エネルギーと冷たい水のエネルギーを足したものは、全体を熱を通さない壁で囲めばそれらが混ざったぬるま湯の熱エネルギーの総量と正確に同じです。したがって何か変化が起こるとき、その前後でエネルギーが保存するという法則だけでは、ぬるま湯が自然に熱いお湯と冷たい水に分かれることを禁止することはできません。しかし、実際にぬるま湯が自然に熱いお湯と冷たい水に分かれることはまずありえず、熱いお湯と冷たい水が混ざってぬるま湯になるという変化だけが現実世界では起こります。こうした変化を記述するのに必要なのが、エントロピー増大の法則です。

ちなみに熱力学第3法則もあって、熱を出さない状態（これを絶対温度が0の状態といいます）ではエントロピーが0になるという法則です。

ベッケンシュタインの「馬鹿げた」回答

さて、ホィーラーはブラックホールがあるとエントロピー増大の法則が成り立たなくなるとベッケンシュタインに語っていたと話しました。これはどういうことでしょうか。

ある質量、温度、エントロピーを持った物体の一部が、ブラックホールに落下することを考えてみましょう。物体がブラックホールに落下すると、その中にある特異点に飲み込まれて消えてしまいますが、ブラックホールの質量は物質の質量分増えるので、エネルギーは保存しています（質量とエネルギーは等価です）。では、エントロピーはどうなるでしょう？ブラックホールがエントロピーを持たないとすると、中に吸い込まれたエントロピーは消えてしまい、エントロピー増大の法則が成り立たなくなるのではないかと、ホィーラーは問いかけたのです。

この問いに対してベッケンシュタインは「物体の持っているエントロピーは消えても、ブラックホールのエントロピーが増えれば、エントロピー増大の法則は成り立つ」としたのです。一見誰にでも思いつくこの答えは、一般相対性理論の専門家からは決して出てこない回答でした。

なぜそんな回答が不可能で、それどころか馬鹿げた回答なのかはすぐわかります。先ほどの「熱いお湯と冷たい水が混ざるとぬるま湯になる」という例でもわかるように、エントロピーという量は熱エネルギーの変化に関係する概念です。したがってある状態がエントロピーを持っているということは、その状態は熱エネルギーを持っていなければなりません。熱エネルギーを持った状態は、その温度に対応した放射（熱放射）を出します。たとえば私たちの体は波長が10マイクロメートル前後の赤外線を出していますし、もっとも高温の太陽はより短い波長の可視光を出しています。ブラックホールがエントロピーを持つというベッケンシュタインの答えは、ブラックホールはある温度の熱エネルギーを持っていて、その温度に対応する熱放射を出しているということを意味しています。

しかしブラックホールは、そもそもすべてのものを飲み込んで一切外に出さない天体でした。ですから熱放射が出てくるはずがなく、したがってエントロピーを持つはずがありません。

この馬鹿げたアイデアを博士論文にできたのは、ブラックホールを世界で一番よく知っているホィーラーが指導教官だったこと、そしてホィーラーが馬鹿げたアイデアだと思わなかったからです。ほかのすべての人が反対しても、ホィーラーが支持してくれたことで十分だったでしょう。

一方で、このアイデアに反対した研究者の代表がホーキングでした。じつはベッケンシュタインのアイデアの基礎になっていたのは、ホーキングの研究だったのです。この研究の話をする前に、エントロピーについてもう少し詳しく知る必要があります。

エントロピーと「ミクロの状態」「マクロの状態」の関係

この章を通じて、エントロピーという概念が重要な役割を果たします。そこでエントロピーについて詳しく見ていきましょう。

ルードヴィヒ・ボルツマン

エントロピーという量を正確に理解しようとしたのが、オーストリアの物理学者ルードヴィヒ・ボルツマン（1844〜1906）です。彼が活躍した19世紀は、まだ原子の存在は仮説にすぎませんでしたが、ボルツマンは熱や温度、エントロピーという概念を原子の運動という観点から説明しようとしました。

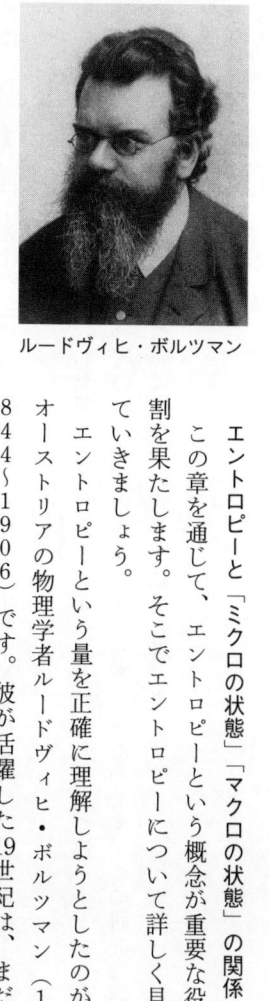

現在の我々は、空気や水などあらゆる物質が莫大な数の原子あるいは分子の集団であることを知っています。たとえば空気を考えましょう。空気の主成分は窒素分子N_2と酸素分子O_2ですが、1立方センチメートル当たりおよそ10^{19}個（1000京個）の分子が含まれています。

さて、ある部屋の中の空気の状態を物理的に記述するには、2通りの方法があります。1つ目は、その部屋の空気の分子1個1個のすべての運動状態を指定する方法です。この方法で記述される状態を「ミクロの状態」と呼びましょう。ミクロの状態を指定するには、ものすごい数の情報量が必要です。2つ目の方法は、空気の分子1個1個の情報を忘れて、その平均的なふるまいを温度や圧力など少数の量で指定する方法です。このようにして決められた状態を「マクロの状態」と呼び、エントロピーもマクロの状態を指定する量です。

ミクロの状態にはエントロピーという概念は存在しません。莫大な数の粒子のうち、少数の粒子の状態が変わっただけでミクロの状態は変わりますが、マクロの状態はまったく変わらないでしょう。したがって莫大な数のミクロの状態が、1つの同じマクロの状態に対応することになります。

ボルツマンは、1つのマクロの状態に対応するミクロの状態の数が多いほど、エントロピーが高い状態と考えたのです。エントロピーが0の状態とは、対応するミクロの状態が1つしかない状態です。したがってエントロピー増大の法則とは、対応するミクロの状態の数が少ないマクロの状態から、対応するミクロの状態が多いマクロの状態へ変化するということになります。

点滅する電球の集団のミクロの状態とマクロの状態

先ほどの説明はややわかりにくいでしょうから、具体的な例を挙げて説明しましょう。

同じ明るさの電球を10個用意します。各々の電球は勝手なタイミングで点いたり消えたりすることを繰り返します。

この電球の集団の「ミクロの状態」と「マクロの状態」を考えます。まずミクロの状態とは、1個1個の電球を区別して、それが点いているか消えているかを記述した状態です。したがってミクロの状態の総数は、2^{10}個＝1024個あることになります。

一方、「マクロの状態」とは、どの電球が点いているか消えているかは関係なく、10個のうち何個が点いているかで決まる状態です。これは、この集団を電球1個1個の区別ができないほど遠くから見た状態であるともいえます。遠くから見ると、どの電球が点いているのかはわかりませんが、全部で何個点いているのかはその明るさから判断できるからです。そしてマクロの状態の数は「全部の電球が消えている状態」、「電球1個分の明るさの状態」、「電球2個分の明るさの状態」、……、「電球10個分の明るさの状態」の計11個になります。

では、ミクロの状態とマクロの状態の対応を考えましょう。たとえば「電球5個分の明るさの状態」というマクロの状態に対応するミクロの状態は、10個の電球から5個を選ぶ選び方なので、252個です。252個のミクロの状態が同じ1つのマクロの状態に対応するということです。あるいは「5個分の明るさの状態」というマクロの状態には、252個の知ることができないミクロの状態（どの電球が点いているかの情報）があるということです。

「電球3個分の明るさの状態」というマクロの状態に対応するミクロの状態は、10個から3

個を選ぶ選び方の数で１２０個です。電球1個分の明るさの状態は、10個のミクロの状態が対応します。そして真っ暗な状態には、全部の電球が消えているというたった1つのミクロの状態が対応します。

さて、任意の瞬間にこの電球の集団を見た時、すべての電球が点いている、あるいはすべての電球が消えているということはあまりない、ということは容易に想像できるかと思います。一番確率が高いのは「5個分の明るさの状態」です。それはミクロの状態の数の多さ（ミクロの状態の総数１０２４個のうち、5個分の明るさの状態を表すミクロの状態が２５２個と最多を占める）ことからもわかります。

電球の集団のエントロピーの時間変化

あるマクロの状態のエントロピーとは、そのマクロの状態に対応するミクロの状態の数でした。それは電球の集団の例からわかるように、マクロの状態が実現される確率にほかなりません。したがってエントロピー増大の法則とは、実現されやすい状態へ変化するということになります。このことはまた、知ることができない情報（ミクロの状態）の数が増加する変化ということができます。

実際に10個の電球の集団のエントロピーが、時間の経過とともにどう変化するか実験をしてみます。最初にたまたま「真っ暗な状態」だとすると、だんだんと明るくなって「5個分の明るさの状態」に近づいていきます（個々の電球は勝手なタイミングで点いたり消えたりしています）。逆にたまたま「10個分の明るさの状態」から始めると、だんだん暗くなっていって「5個分の明るさの状態」に近づいていきます。どちらの場合も、実現されやすい状態、つまりエントロピーの高い状態へと変化するのです。

いったん5個分の明るさの状態になると、その後は明るくなったり暗くなったりして、真っ暗な状態になったり10個分の明るさの状態になったりすることもまれにあります。でも大部分の変化は電球1個分、たまに2個分明るくなったり暗くなったりするだけです。

では、電球の数が10個ではなく、1万個だったとしたらどうでしょう？ 全部の電球が一斉に点くことや消えることは、よほどの偶然でなければ起こらないでしょう。要するにエントロピーの減少する変化は禁止されているわけではないが、確率的にほとんど起こらないのです。

最初に出した熱いお湯と冷たい水の例でも同じです。この例を電球のたとえで説明するために、10個の電球を1列に並べておきましょう。そして10個の電球のうち5個が点いているとしましょう。その5個を1列の左半分か右半分に分けることを考えてみます。5個をどちらかに分ける分け方は、2の5乗で32通りです。そのうち左半分に5個全部があるのは1通りしかありません。それに対して左半分に4個あるのは5通り、左半分に2個あるのは10通りです。要するに左半分に全部の電球が点いている状態というのは特別な状態です。それよりも場合の数が多い、左右にほぼ同数電球が点いている状態の数の方が多いのです。

電球の場合、とりうる状態は点いた状態と消えた状態の2通りなので簡単に説明できます。水分子のとりうる状態の数は、そのエネルギーとしてもさまざまですが、基本的には同じことです。要するに熱いお湯と冷たい水が別々にある状態（マクロの状態）は、それを実現するミクロの状態が少ないという意味で、エントロピーが低い特別な状態であり、全体が均一の温度になっている状態は、それを実現するミクロの状態の数が多いという意味でエントロピーが高いありふれた状態なのです。

こうしてボルツマンは、マクロの状態のエントロピーを、その状態を実現するミクロの状態の数ととらえることで、エントロピー増大の法則を「実現されやすい状態への変化」として説明したのです。

ブラックホールの表面積増大定理

ベッケンシュタインのアイデアの話に戻りましょう。彼の発想に大きな影響を与えたのは、1970年当時にプリンストンの大学院生だったギリシャ出身のデメトリウス・クリストドゥール（1951〜　）とホーキングの研究でした。クリストドゥールはホィーラーがギリシャで見つけてプリンストンに連れてきた天才です。数学的な研究志向が強く、のちに世界でもっとも権威のある数学の研究所であるニューヨークのクーラント数理科学研究所の教授になっています。

デメトリウス・クリストドゥール

ところで、回転しているカー・ブラックホールからその回転エネルギーを取り出せるという話を第3章でしました。ブラックホールの周りのエルゴ領域に物体を落とし、そこで2つに分裂させて、破片の1つをブラックホールに落とすと残った片方は最初に投げ込んだ物体が持っていたエネルギーよりも大きなエネルギーを持って飛び出してくるという話でした。遠くから見るとエネルギーがブラックホールから出てくるので、ブラックホールのエネルギーが減るように見えるでしょう。

しかしクリストドゥールは、この場合に限らず、どんな働きかけをしてもカー・ブラックホールは大きくなる、正確にはその地平面の表面積が減少しないことを示したのです。これを数学的な定理に格上げしたのが、ホーキングです。ホーキングはカー・ブラックホールに限らずあらゆる種類のブラックホールについて、古典的なプロセスではその表面積が減少しないことを数学的に証明しました。これを「ブラックホールの表面積増大定理」といいます。古典的なプロセスというのは、量子力学の効果を考えない物理的な過程のことです。

ブラックホールは表面積に比例するエントロピーを持つ！

さて、ブラックホールの表面積が決して減少しないという表面積増大定理と、エントロピー増大の法則は、どちらも不等号で表される法則であるという共通点があります。そしてブラックホールがその表面積に比例するエントロピーを持っているとすれば、２つの法則は同じ法則となるのです。ブラックホールという存在からエントロピー増大の法則を救おうとしていたベッケンシュタインが、これに飛びつかないはずはありません。

ブラックホールに物体が落ちると、その物体が持っていたエントロピーは消えてしまいます。しかしその減少分以上に、物体を飲み込んで表面積が増えることによってブラックホールのエントロピーが増えれば、正味のエントロピーは増加することになってエントロピー増大の法則は成り立つことになります。こう考えてベッケンシュタインは、ブラックホールはエントロピーを持つとしたのです。

そしてベッケンシュタインは、ブラックホールのエントロピーを次のように評価しました。少し前で話したように、エントロピーとは「知ることができない情報」という意味も持っています。情報の基本単位はビットです。1ビットというのは2つの状態、たとえば0と1、あるいはONとOFFを表すことができます。したがってNビットは、2^N個の状態を表します。パソコンでなじみのあるバイトというのは、1バイト＝8ビットのことです。

ベッケンシュタインは表面積の最小単位ごとに1ビットの情報が存在すると考えました。表面積の最小単位とは、最小の長さで決まる面積のことです。最小の長さとは普遍的な速度である光速度、重力の強さを決めるニュートンの重力定数、ミクロの世界を支配している量子力学で使われるプランク定数の3つの組み合わせで決まる距離10^{-33}センチメートルのことで、プランク長といいます。この長さよりも短くなると空間がどのようになっているのかはよくわかっていません。

1辺がプランク長の正方形を最小の面積とすると、約10^{-66}平方センチメートルとなり、この面積をプランク面積といいます。ブラックホールの表面積をプランク面積で割ると、表面に蓄えられるエントロピーの値がわかることになります。エントロピーをビットで表すことにすれば、太陽質量のブラックホールのエントロピーは約10^{76}ビットとなり、これは1辺が1光年の立方体の容器に詰まっている水のエントロピーとほぼ同じ値となるほど莫大な値となるのです。

すぐには受け入れられなかったベッケンシュタインの提案

さて、ブラックホールがエントロピーを持つというベッケンシュタインの提案は、すぐには受け入れられませんでした。というのは、この提案には疑問点がいくつもあったからです。そもそもブラックホールの表面積増大定理の証明には、重力が引力であるという性質だけが使われていて、熱の概念とは一切関係がありません。またエントロピーとは、ミクロの情報（状態）と密接に結びついた量でした。しかし一般相対性理論ではブラックホールの中には何も留まることができず、特異点に落下してしまいます。ある意味で非常にシンプルな構造をしていて、ミクロの情報があるとすれば、それは特異点くらいしか考えられません。ところがエントロピーが表面積に比例するということは、エントロピーを生み出すミクロの情報が表面に存在するということを意味します。しかし一般相対性理論では、ブラックホールの表面はただの空間です。そこには何もないのです。

さらにそれまでの物理学の常識では、物体のエントロピーはその物体の面積ではなく体積に比例します。これは考えてみれば当然です。物体の体積が増えれば増えるほど、その中にはたくさんの情報を詰めこめるからです。このような理由から、ブラックホールがエントロピーを持ち、さらにそのエントロピーがブラックホールの表面積に比例するなどということはありえないと考えられたのです。

表面積増大の定理を証明したホーキングは、特にベッケンシュタインの提案に強く反発しました。ホーキングや他の大多数の物理学者の立場は、エントロピー増大の法則とブラックホールの表面積増大定理は形式的に似ているだけで、それ以下でもそれ以上でもないというものでした。

ところがそのような状況下で、皮肉にもホーキング自身が、ブラックホールがエントロピーを持つことを証明することになったのです。それはカー・ブラックホールのスーパー放射という現象の検討から始まりました。

ミクロの視点で見る「真空の揺らぎ」

第3章で話したように、物質をカー・ブラックホールの周りのエルゴ領域に落とし、そこで分裂させることで、ブラックホールから回転エネルギーが取り出せることは1969年にペンローズによって指摘されていました。その後、物質ではなく電磁波のような波をエルゴ領域に打ち込んでも、反射されてエルゴ領域から出てきた波が増幅されて強くなることが示されました。この現象をスーパー放射といいますが、この現象に興味を持ったホーキングは、同じようなことが回転していないシュワルツシルド・ブラックホールで起こることを見つけたのです。

カー・ブラックホールからエネルギーを取り出せるのは、遠くから見るとエルゴ領域の中で負のエネルギー状態があるからです。粒子、あるいは波の一部を負のエネルギー状態にしてブラックホールの中に落とすことで、もともと持っていたエネルギーよりも大きなエネルギーを持ってブラックホールから飛び出してくるのです。一方、シュワルツシルド・ブラックホールは回転していないのでエルゴ領域はありません。しかし「量子力学的な波」を考えると事情が変わってきます。

量子力学的な波とは、たとえば光を光子の集団として考えるということです。その場合、1個1個の光子は量子力学的な存在であり、前の章で述べたように確率的な存在です。そのような集団の背後にあるのが、空間全体に広がった量子力学的な波です。したがってこの波も確率的な波です。この波を光子の量子場、あるいは簡単に光子場といいます。

光だけではありません。電子もその背後には空間に広がった電子の量子場、電子場が存在します。あらゆる素粒子には、それに対応する量子場があるのです。量子場を量子力学的な粒子の集団として記述するのが、「場の量子論」（あるいは量子場の理論）です。現在の素粒子論の基礎理論は、この場の量子論なのです。

さて、場の量子論によると、素粒子には質量はまったく等しいものの、電荷などの属性が正反対である粒子がペアで存在します。この粒子のことを反粒子といいます。たとえば電子

（マイナスの電荷を持つ）には、質量が同じで電荷が逆になっている反粒子があり、陽電子（陽＝プラスの電荷の意味）と呼ばれます。そしてすべての素粒子は粒子と反粒子が対《つい》になってできたり（対生成）、消えたり（対消滅）します。たとえば光子と光子が十分高いエネルギーで衝突すると、電子と陽電子に姿を変えます。陽子と反陽子（陽子の反粒子）も対でつくることができますが、陽子は電子よりも2000倍重いので、それだけ高いエネルギーの光子と光子をぶつけなければなりません。そして電子と陽電子、あるいは一般に粒子と反粒子が衝突すると、ともに消えて光子2つに変わってしまいます。なお、光子は反粒子も光子です（反光子などではありません）。

どんな素粒子も存在しない最低のエネルギー状態は真空状態と呼ばれますが、常に一定のエネルギーではなく量子力学特有の揺らぎがあって、エネルギーが大きくなったり小さくなったりしています。この時のエネルギーの揺らぎによって粒子と反粒子が生成されますが、それらは現実の存在とはならず、ほぼ瞬時に対消滅で消えてしまいます。真空は何も起こっていない状態ではなく、ミクロの視点で見ると、対生成と対消滅が絶えず繰り返されている状態です。これを真空の揺らぎといいます。

説明が長くなりましたが、私たちが真空、つまり何もないと考えている空間も、ミクロの視点では粒子と反粒子ができたり消えたりしていて何もないわけではない（真空は揺らいでいる)、ということを理解してください。

ブラックホールのホーキング放射

さて、この真空の揺らぎはいたるところで起こっていますが、ブラックホールの表面近くで起こった場合は特別なことが起こります。対生成では質量の軽い粒子ほどできやすいので、もっともできやすいのは光子のような質量が0の粒子です。以下、ブラックホールの表面近くで光子のペアが対生成したときのことを考えます。通常は、対生成でできた粒子と反粒子はすぐに対消滅して消えてしまうのですが、ブラックホールの近くで対生成が起こると、対消滅が起こる前に一方の粒子(ここでは光子のペアの片方)がブラックホールの中に落ち込んでしまうことがあります。そしてその光子のエネルギーは遠方の基準では負のエネルギー状態になっているのです。したがって対生成でできたもう片方の光子は正のエネルギーを持っていて、対消滅する相手を失ったため、逆にブラックホールの表面近くから外向きに飛び出してくることになります。

ブラックホールが小さいほど、その表面近くで生成された2つの光子に働く重力の差は大きくなり、大きな力で引き離されます。その結果、飛び出してくる光子のエネルギーは大きくなります。とはいっても放出される光子のエネルギーは、ある特定の値だけでなく、さまざまな値をとります。ホーキングの計算によると、それはある温度を持った普通の物体が出すエネルギースペクトルとまったく同じでした。この意味でブラックホールは、ある温度を持った鉄の玉と同じだったのです。そして熱い鉄の玉がエントロピーを持っているように、ブラックホールもエントロピーを持つのです。ブラックホールから放出される熱（光子の集団）を、ホーキング放射といいます。

ただし熱い鉄の玉との違いは、ブラックホールの温度がその質量に反比例していることです。小さなブラックホールほど、高温ということです。熱い鉄の玉は、熱を周囲に放出すると、だんだん冷えていきます。しかしブラックホールの場合は、熱としてエネルギーを放射することで質量が小さくなり（負のエネルギーを持つ光子が落下したため）、その結果どんどん高温になっていくのです。さらにブラックホールの温度から計算したエントロピーは、表面積に比例していました。まさにベッケンシュタインの予想通りだったのです。

ブラックホールが蒸発して消えてしまう！

ブラックホールがホーキング放射を出して、その質量がだんだん小さくなっていくことを、ブラックホールの蒸発といいます。ブラックホールは周囲の物質を飲みこんで質量を増やしていく一方だと思われていましたが、じつは量子力学や場の量子論をもとにして考えると、光を放って質量を減らしていくことになるのです。

では、蒸発が続くとどうなるのでしょう。ブラックホールの質量が小さくなればなるほど、ブラックホールの温度は高温になり、したがってより激しく蒸発します。そして最後は大爆発して消えてしまいます。とはいえ、たとえば太陽の質量を持ったブラックホールの温度は約1000万分の1度という極低温であり、蒸発してしまうまでにかかる時間はなんと10^{64}年にもなります。したがって天文学的に重要なブラックホールの場合は、まったく問題になりません。しかしこの後述べるように、原理的な問題として物理学の根本にかかわる重要な問題になってくるのです。

ここまでシュワルツシルド・ブラックホールの蒸発について説明しましたが、事象の地平面の近くでの対生成は、カー・ブラックホールや電荷を持っているブラックホールでも起こることです。したがって以下の話はどの種類のブラックホールでも同様のことが成り立ちますが、簡単にするためシュワルツシルド・ブラックホールについて話していきます。

ところで、ブラックホールが温度とエントロピーを持つことは、ブラックホールがミクロの状態を持つことを示唆するものであり、ブラックホールが質量、電荷、角運動量の3つの性質しか持たないという「ブラックホールの無毛定理」と矛盾するように思うかもしれません。しかしブラックホールの無毛定理は量子力学を考慮していない一般相対性理論の範囲で導かれたものなので、矛盾してもかまわないのです。

情報が瞬時に伝わる量子もつれの不思議

ここからは、ホーキング放射についてもう少し詳しく見てみましょう。少し寄り道に思えるかもしれませんが、このことは後々、おもしろい考えにつながっていくので、ここで触れておきます。

ホーキング放射の原因は、ブラックホール表面近くで起こる2つの光子の対生成の結果でした。光子はスピンと呼ばれる性質を持っています。スピンについては第1章でも説明しましたが、光子などの素粒子に備わった「向き」と思ってください。もともと光子がない状態(真空)から光子が2つできるので、できた光子のスピンの向きは必ずお互いに反対向きになっています。したがって一方の光子の向きがわかれば、他方の光子の向きもわかることになります。

ところが、これはとても不思議なことなのです。というのは光子のスピンの向きは、観測するまではいろいろな向きの状態の重ね合わせだからです。次のような思考実験を考えれば、その不思議さがわかるでしょう。

対生成でできた光子を光子A、光子Bとします。そして光子Bだけを月に持っていきます。

光子AとBのスピンの向きは、まだ観測前なので重ね合わせの状態にあり、決まっていません。次に地球に残った光子Aに磁場をかけて、光子Aのスピンの向きを測ります。光子のスピンの向きは、磁場をかけると磁場の方向にそろうのです。したがって光子Aはスピンがある方向に決まった状態になります。そしてその瞬間に月の光子Bは、さまざまな状態の重ね合わせではなく、スピンの向きが光子Aと正反対の向きの状態となるのです。もちろん光子Bは地球上で光子Aにかけられた磁場の方向を知ることはありません。にもかかわらず、光子Bは光子Aが測定されたことをどうやって知ったのでしょうか。

光子が量子力学的な存在でなければ、光子Aと光子Bは初めからある特定の方向とその反対の方向に決まっているので、片方の方向を知ればもう片方の向きがわかるのは当たり前です。しかし光子は量子力学的な存在なので、スピンの方向がお互いに反対向きであること以外、測定するまでスピンの方向はそもそもわからないのです。

このような量子力学的な2つの粒子の性質に関係があることを、2つの粒子は「量子もつれ」の状態にあるといいます。そして2つの粒子が量子もつれの状態にあると、どんなに遠くに離れていてもその2つの粒子の間には瞬時に伝わる相互作用が存在するのです。

これは情報が瞬時に伝わる（つまり無限大の速度で伝わる）ことがないという特殊相対性理論と矛盾するように思えます。そして実際にアインシュタインは、当時の同僚だったボリス・ポドルスキー（1896〜1966）とネイサン・ローゼンという2人の物理学者とともに1935年に論文を出版し、情報が瞬時に伝わることを認める量子力学は不完全な理論であると主張したのです。この論文は3人の頭文字からEPR論文と呼ばれ、彼らの主張した量子力学と特殊相対性理論との矛盾はEPRパラドックスと呼ばれています。

ボリス・ポドルスキー

量子もつれは特殊相対性理論と矛盾しない

たしかに量子もつれの一方を測定すると、瞬時に他方の状態は確定します。しかしこのことは、アインシュタインらの主張に反して、じつは特殊相対性理論と矛盾していないのです。なぜならもう片方の状態が確定したとしても、それは測定しない限りわかりません。観測者は磁場をある方向にかけて光子のスピンの向きを測定するわけですが、観測したことによってスピンの方向が変わったのか、それとも一方の測定がすでにされているためスピンの向きが決まっていたのかを知る方法がないのです。それを知るには、電波など通常の方法で測定をしたことを相手側に伝えるしかありません。したがって情報を光速度以上の速度で送ることはできないのです。

一方で、量子もつれ状態にある２つの粒子の片方の状態が確定した瞬間に、もつれ状態が壊れて他方の状態が確定することは実際に起こります。このことは１９８２年にフランスの実験物理学者アラン・アスペ（１９４７〜　）によって確認されています。

さて、ホーキング放射の際にブラックホールの地表面近くで対生成される光子のペアも量子もつれの状態にあります。ブラックホールから放射される光子は、ブラックホールの内部に落ちこんだ光子と量子もつれの状態にあるのです。この時、もし誰かがブラックホールに飛びこんで光子のスピンの向きを測定したらどうなるでしょうか。その瞬間に、ブラックホールの中からは何も出てこないはずなのに、ブラックホールの外にある光子はスピンの向きが決まった状態となるのです。これも非常に不思議なことです。

時空のミクロの構造を理解する

ホーキング放射の発見によって、ブラックホールが熱を持った通常の物体と同じくエントロピーを持つことが明らかになりました。ところで通常の物体のエントロピーとは、その物体を構成しているミクロの粒子の取りうる状態の数（の対数）として説明することができました。ではブラックホールのエントロピーはどうでしょう。

ブラックホールの中には物質は存在しません。事象の地平面を持った時空の構造がブラックホールです。その場合、ブラックホールを作っているミクロの構造物とはいったい何のことでしょう？　この問題の解決には、時空の構造そのものに関するミクロの状態の理解が必要です。

通常の物質のミクロの構造とは素粒子に行きつき、そして素粒子は量子力学に従います。したがって時空構造のミクロの状態を知るには、時空を量子力学的に取り扱うことができる理論が必要になります。このような理論を量子重力理論といいます。

重力理論として、私たちはアインシュタインの一般相対性理論を知っています。この理論は現在に至るまでさまざまな検証が行われていて、その正しさを積極的に疑う理由はどこにもありません。しかし一般相対性理論をミクロの世界に適用すると、困ったことが起こります。一般相対性理論では重力は時空の曲がりとして表されるので、その量子揺らぎとは時空の曲がりがミクロのスケールで大きくなったり小さくなったりすることです。それどころかワームホールのような構造までできたり消えたりしていると考えられています。

光子や電子がそれぞれ光子場、電子場の量子論で記述されるように、重力場の量子論を考えることができます。その結果、重力場は重力子と呼ばれる素粒子の集団と考えられます。素粒子同士に重力が働くのは、それらの間に重力子がやり取りされるからというのが、場の量子論による説明の仕方です。このとき重力子を交換する過程で、量子力学的な揺らぎによって重力子から複数の重力子ができたり消えたりしますが、その影響を計算すると無限大という答えが出てしまうのです。

電磁気力の場合は電荷を持った素粒子の間に光子がやり取りされます。じつはこの場合も計算をすると無限大という値が出てくるのですが、この場合は無限大をうまく処理する方法が知られていて、無限大が観測量に現れないようにすることができます。これに対して重力子の場合、どんな方法でも無限大を処理することができないのです。

究極の存在は「ひも」と考える超弦理論

ミクロの世界でも揺らぎが無限にならない、正しい量子重力理論を私たちはまだ知りませんが、いくつかの候補が研究されています。そのうちのもっとも有力な理論は、超弦理論と呼ばれています。そしてこの超弦理論でブラックホールのエントロピーが計算され、それがホーキング放射から導いたエントロピーの値と一致することが示されているのです。この超弦理論について説明しましょう。

従来の場の量子論で無限大が現れる原因を突き詰めると、素粒子が構造を持たない点状の粒子であることから来ています。場の量子論では、素粒子は場の波動が粒子として現れたものですが、その波長が短いほど場は激しく振動し、対応する素粒子のエネルギーは大きくなります。2つの素粒子は無限に近い距離まで近づくため、交換される素粒子の波長はいくらでも短くなり、したがってエネルギーが無限に大きくなるのです。これが無限大が現れる理由です。

これに対して超弦理論では、究極の存在は、その大きさが10^{-33}センチメートル程度という小さな小さな「ひも」であると考えます。ひもというよりも、バイオリンの弦のような張力を持って振動しているので、今後は弦といいましょう。

弦には輪ゴムのような閉弦と、両端のある開弦の2種類がありますが、開弦の両端が結合して閉弦になったり、閉弦が切れて開弦になったりします。弦の振動のパターンは幾通りもあり、私たちはそれぞれの振動パターンを別の素粒子として観測するのです。ただしこの振動からすべての素粒子を作りだすために、弦には超対称性と呼ばれる未知の性質を持っているとします。そのため、弦は超弦と呼ばれます。

超弦理論によると、重力を伝えるのは閉弦です。そしてミクロのスケールでは、閉弦の集合体が時空を構成していると考えます。1990年代、この超弦理論でブラックホールのエントロピーを説明する研究が行われて大きな成果があったのです。超弦理論は、その発想はシンプルですが、実際の理論は極めて難しく（高度な数学が駆使されています）、正確に説明するためにはいろいろな知識が必要なので、ここでは非常に簡単にそのアイデアだけを説明しましょう。

ブラックホールのエントロピーを超弦理論で説明する

まず、超弦理論でブラックホールを作ることから始めます。重力は閉弦が伝えるので、一本の閉弦を考えます。閉弦の振動が激しくなると大きなエネルギーを持ちます。エネルギーと質量は等価なので、質量が大きいということです。どんどん質量が大きくなると、ついにはブラックホールになってしまうでしょう。

弦の場合、同じエネルギーで振動するにしてもその振動の仕方は1通りではなく、何通りかのパターンがあります。このことはブラックホールの作り方が振動のパターンの数だけあるということを意味します。そしてそれがブラックホールのミクロの状態の数となり、エントロピーを与えるのではないか――このように考えてエントロピーを計算するのです。

ただしこれはそう簡単ではありません。そもそも超弦が存在するのは、時間1次元、空間9次元の10次元時空であるとされています。私たちが認識しているのは、時間1次元、空間3次元の4次元時空ですが、空間には私たちの知らない次元（方向）がさらに6つも存在するというのです。さらにその10次元時空の中には、弦だけでなく弦が集まってできたDブレ

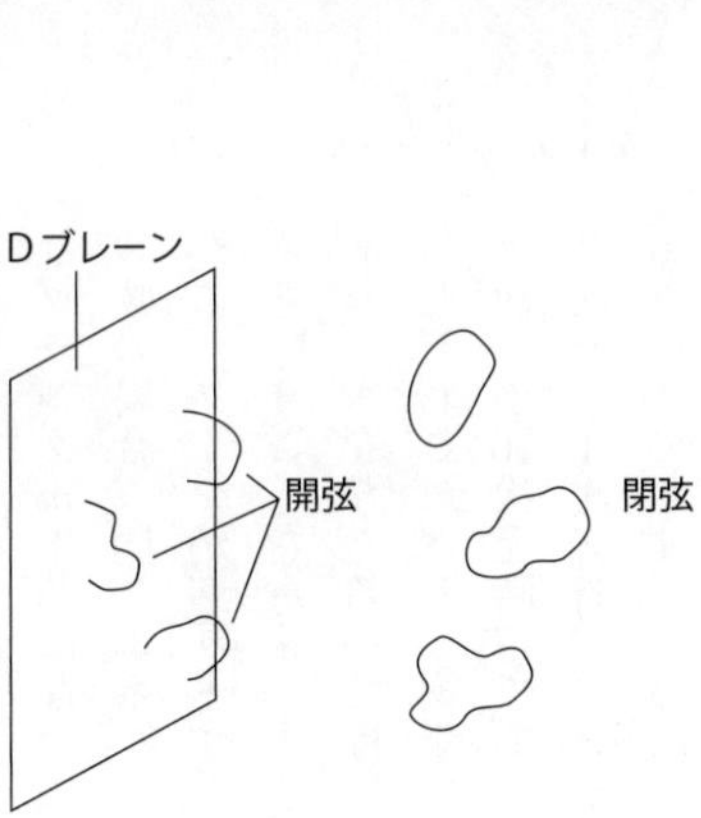

超弦（開弦と閉弦）とDブレーンのイメージ図

ーンと呼ばれる構造物があります。このDブレーンは開弦の端がくっついた構造とも考えることができます。両端がDブレーンにくっついた開弦がDブレーンから離れるとき、それは閉弦が離れるともみなすことができて、したがってDブレーンが重力源であることがわかります。

このような状況で4次元時空のブラックホールを作るには、いくつかのDブレーンの組み合わせを考えて、3次元空間以外の空間方向の次元を小さく丸めるなど適当に配置しなければなりません。とにかく何とかDブレーンでブラックホールを作り、そのときのDブレーンの振動パターンの数をブラックホールのミクロの状態数とすることで、エントロピーを計算することができます。そしてその結果、まさにホーキングが計算したエントロピーと一致することが示されたのです。

こうして超弦理論では、ブラックホールがエントロピーを持つことを、ミクロの状態の数から説明することができるのです。この意味でまさにブラックホールは普通の熱を持った物体と同じです。ただし超弦理論で作ることのできるブラックホールは電荷を持ったブラックホールで、さらにその中でもかなり特殊なブラックホールです。シュワルツシルド・ブラックホールのエントロピーを説明したわけではありませんが、どんなブラックホールのエントロピーについても同様のことが成り立つと考えられています。

「情報は消えない」と考える量子力学

ホーキング放射の発見で、ブラックホールが実際に温度を持ち、しかもエントロピーもブラックホールを作っているミクロの状態で説明できる可能性が出てきました。しかしこれでブラックホールの蒸発に関してすべての問題が解決したわけではありません。もっと根源的な問題が残っているのです。

ホーキングの結論は、ブラックホールはその質量に反比例する温度の放射を出しながらどんどん温度を上げて、最後にはブラックホールが消えていくということでした。このホーキング放射の持っている情報（ホーキング放射を調べてわかること）は「温度」だけです。そして温度が決まれば、どの波長にどれだけの数の光子が放射されているかが完全に決まります（こうした性質をもつ放射を熱放射といいます）。したがって最終的にはブラックホールは跡形もなく消えて熱放射だけが残るということになります（図参照）。

さて、ある小説の文庫本が燃えてしまったとしてみましょう。燃える過程や燃えた後の情

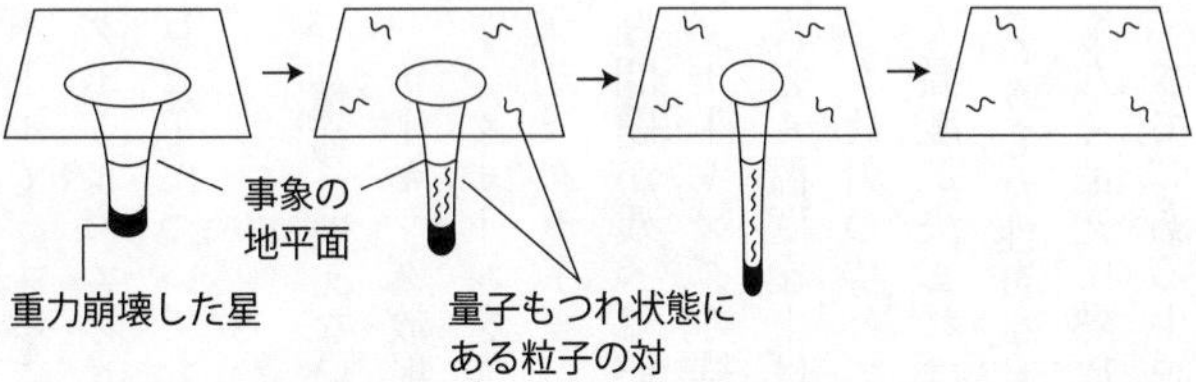

ブラックホールの蒸発とホーキング放射　星が重力崩壊した後、事象の地平面の近くでの対生成によって、量子もつれ状態にある粒子の対ができる。そして一方はブラックホールの内部に落ち込み、もう一方はホーキング放射（熱放射）となってブラックホールから離れる。エネルギーを持ち去られることでブラックホールは蒸発していき、最後には熱放射だけが残る

報から、その本の何ページにどんなことが書いてあったかを再現できるでしょうか。できるわけがないと思うかもしれませんが、原理的には可能なのです。この本の材料、インクの成分、紙の燃え方、煙の成分、残った灰の成分など、もし本が燃えたことについてのあらゆる情報（具体的には分子や原子の種類や、それぞれの状態）が集められたとすると、その情報量は燃やす前に本が持っていた情報量と正確に一致するはずなのです。信じがたいかもしれませんが、量子力学の法則はそうなっています。もちろん実際に再現することは不可能ですが、原理的には「情報は消えない（保存される）」のです。むしろ情報が保存されることを前提に量子力学が作られていて、あらゆる実験で量子力学の正しさは実証されています。

ブラックホールの情報パラドックス

しかしブラックホールの蒸発の過程はどうでしょうか。

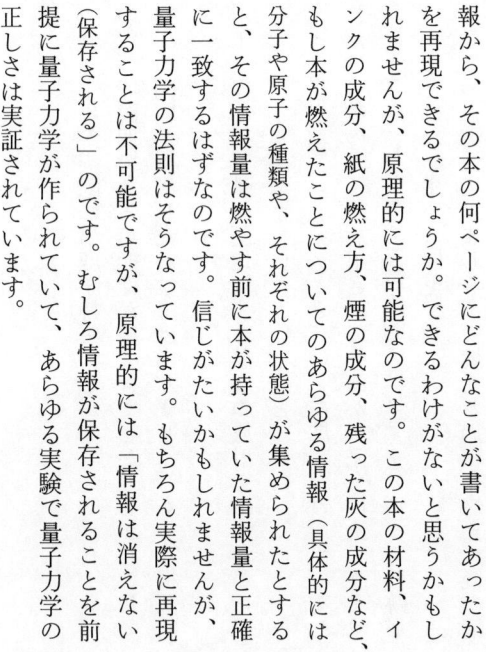

ブラックホールの性質は質量、回転、電荷の3つの量で完全に決まってしまいます。この3つの量が同じなら、ブラックホールはまったく同じ構造を持っているということです。ここでは質量だけを持つシュワルツシルド・ブラックホールについて考えましょう。

しかし質量が同じブラックホールが、まったく同じ構造を持った星の重力崩壊によってできるわけではありません。最初の質量、内部の組成などが違った星が、同じ質量のブラックホールになることもあるでしょう。そしてブラックホールになる前の星は、莫大な情報を持っています。それがブラックホールになると、情報は事象の地平面の中に閉じ込められ、外の世界からは失われますが、ブラックホールが永遠に存在するなら失われた情報は内部に閉じ込められて存在しているといえるでしょう。ただしブラックホールの中では物質は存在できず、すべて特異点に飲み込まれてしまいます。だとすると、特異点に莫大な情報が蓄えられているのかもしれません。

ところが、ブラックホールが蒸発して消えてしまうとすれば、そうした情報の行き場がなくなってしまいます。ホーキング放射は温度、すなわちブラックホールの質量（温度は質量に反比例します）の情報しか持っていないので、そのほかの情報が完全に消えてしまうことになります。これは「情報は保存される」とする量子力学と明らかに矛盾します。これをブラックホールの情報パラドックスといい、重力と量子力学の対立の鋭さを端的に表しています。

一般相対性理論と量子力学の両方が正しいとすると、これは確かにパラドックスですが、実際にはブラックホールの蒸発という現象に関してはどちらかが間違っていると考えられます。では、どちらが間違っているのでしょうか。ホーキングは、自身の計算によってブラックホールから出てくる放射が温度という情報だけしか持たないことから、「情報は保存される」とする量子力学が間違っていると考えていました。

ブラックホールの表面近くに留まる人が受ける「熱」

ブラックホールの蒸発にまつわる情報のパラドックスは、長い間物理学者を悩ませてきました。ホーキングの主張にもかかわらず、多くの物理学者は、間違っているのは一般相対性理論の方であり、量子力学は正しく、情報は保存すると考えています。

では、どのようにして情報は保存するのでしょうか。その1つの考えを紹介しましょう。それはブラックホールの相補性という概念です。これは超弦理論に基づいてオランダのノーベル賞物理学者ゲラルド・ト・フーフト（1946～　）やアメリカの物理学者レオナルド・サスキンド（1940～　）によって提案された考えです。

ブラックホールに落下する観測者と、その表面のすぐ外側で踏みとどまっている観測者を考えましょう。第1章で等価原理の話をしました。自由落下する人にとって重力は消えているという話です。したがってブラックホールに落下する人にとって、重力は消えているはずです。ただしこのとき観測者はブラックホールに比べて十分小さいとします（たとえば太陽質量のブラックホールに落下する人は周囲が見えなくても、引き伸ばされるような力を感じます。それはブラックホールによる重力の強さは一定ではなく、中心に近いほど強いからです。それゆえ、ここで考える観測者は重力の強さが変化する距離に比べて十分小さいものとして考えます）。したがってブラックホールに落下する観測者は、その表面を何事もなく通り過ぎてしまいます。

Wammes Waggel　Acmedogs
ゲラルド・ト・フーフト（左）とレオナルド・サスキンド（右）

一方でブラックホールの表面のすぐ外で踏みとどまっている観測者は、ブラックホールの重力と正反対の方向にとても大きな加速度を持っています。このような観測者は、その加速度に比例した高温の熱にさらされていることがわかっています。これは場の量子論に特有の現象です。真空という状態はエネルギーが最低の状態ですが、加速度を持たない観測者と加速度運動をしている観測者ではエネルギーの測り方が違うため、真空も違ってくるのです。この現象は、カナダの物理学者ウィリアム・ウンルー（1945〜）によって発見されたのでウンルー効果と呼ばれています。ちなみにこのウンルーも、ブラックホールの名付け親であるホィーラーが指導した大学院生でした。ブラックホールの表面に近ければ近いほど、そこに踏みとどまるには大きな加速度が必要となり、したがってより高温の熱にさらされていることになります。

表面近くに留まる人が見るブラックホールの別の姿

さて高温の状態とは、非常にエネルギーの高い状態であり、素粒子が高速で飛び回っている世界で、それらが衝突するとさまざまな素粒子が現れます。そしてより高温になった時、もし素粒子に内部構造があるならば、その構造すら見えてくるので、表面のごく近くに留まっている観測者には、落下している観測者とはまったく別の世界が見えてきます。超弦理論が正しいとするならば、それは超弦の世界です。そこでは閉弦の振動が重力を表します。したがってブラックホールの表面ごく近くでは、閉弦ができたり消えたりして、重力は量子力学的に揺らいでいます。

これらの閉弦がブラックホールに落下すると、表面のすぐ外側の観測者にとって時間が非常にゆっくり流れるため、弦の一部だけがブラックホールの中にあって、観測者はあたかも無数の開弦の両端がブラックホールの表面にくっついているように見えるでしょう。ブラックホールの表面自体がDブレーンになったような状態です。

こうして落下する閉弦の持っていた情報が、ブラックホールの表面に閉弦の一部として残ることになるのです。その場合、一般相対性理論で表される単純な時空構造ではないため、ホーキングが計算した放射のスペクトル（振動数当たりのエネルギー）とは違ってくるでしょう。その違いがまさにブラックホールを作る時の情報が形を変えたものであり、情報は失われることはないと考えることができます。

このように、ブラックホールに落下する観測者と表面近くに留まっている観測者とでは、観測する現象がまったく違ってきます。これは、ブラックホールの正体を違う面から、お互いの見えない部分を補うように見ていることになるので、ブラックホール相補性と呼んでいます。そしてト・フーフトとサスキンドは、この相補性を利用して情報のパラドックスを解く可能性を指摘したのです。

マルダセナの画期的な研究

そして2004年、アイルランドのダブリンで開かれた一般相対性理論の国際学会で、ホーキングは自説の誤りを認め、情報のパラドックスはパラドックスではなく、情報は保存されることを認めました。それは超弦理論に関する「ある発見」があったからでした。

ファン・マルダセナ
Lumidek

その発見をしたのはアルゼンチン出身の物理学者ファン・マルダセナ（1968〜　）で、1997年のことです。マルダセナは10次元時空における超弦理論が、4次元時空の重力とは無関係の量子場の理論と数学的に等価であることを示したのです。

この量子場の理論は、クォークやグルーオンのふるまいを記述する理論とよく似た構造をしています。クォークというのは陽子や中性子を作っている素粒子で、グルーオンはクォーク同士を糊のように強く結びつけている素粒子です。糊を英語でグルー（glue）というのでグルーオンと呼ばれています。クォークとグルーオンのふるまいを表す理論は量子力学の法則に厳密に従います。

さらにいえば、マルダセナの考えたクォークとグルーオンの量子場の理論も私たちが知っているものとは少し違っていますが、今は少々（?）の違いは忘れて読み進めてください（本当に忘れていいのかは、じつはよくわかっていないのですが……）。

超弦が存在している世界は10次元時空の空間（9次元）ですが、マルダセナの考えたのは、そのうちの4次元空間が無限に広がり、残りの5次元空間が小さくなっているという構造をしています。なぜそんな構造を考えるかというと、私たちが認識しているのは3次元空間なので、もし空間の次元がそれ以上だとすると、余分な空間は認識できないほど縮んでいるはずだからです（では初めから広がった3次元空間と縮んだ6次元空間を考えればいいと思うかもしれませんが、そうは簡単にはいかないのです。まずできるところから始めた、ということです）。

さらに、4次元空間は「無限の彼方で3次元の境界で覆われている」ものとします。わかりにくければ次元を1つ下げて、無限に大きな3次元の球を想像してください。球の内部が超弦理論の支配する世界で、それはすなわち重力が存在する世界です。一方、この空間の境界には普通の物質（クォークとグルーオン）しか存在していません。そして境界を支配するのが量子場の理論です。

そしてマルダセナは、境界上の量子場の理論が、内部の超弦理論と同等であることを示したのです。これはつまり重力の理論が、空間の次元を変えることで重力を含まない理論で表されたのです。長年にわたって物理学者は重力の理論と量子力学を融合させようと努めてきて、さまざまな量子重力理論に挑戦してきました。超弦理論もその1つです。しかしその必要はそもそもなかったかもしれない、というのがマルダセナの考えです。

ホログラフィー原理とマルダセナ予想

マルダセナの研究はもともと、ブラックホールのエントロピーがその表面積に比例するというベッケンシュタインとホーキングの研究に端を発しています。そしてこの結果に刺激されてト・フーフトやサスキンドは「3次元空間の重力理論は、それを取り囲む2次元面の情報が生み出したものだ」という仮説を唱えたのです。これは2次元のフィルムに記録された画像が特殊な光を当てることで、あたかも3次元の像として現れるホログラフィーに似ていることから、ホログラフィー原理と呼ばれます。

その後の研究で、この原理が超弦理論の中で実現できる可能性があることがだんだんわかってきました。そして1997年、マルダセナが実際に超弦理論でホログラフィー原理が成り立っている具体例を示したのです。

もちろん私たちの住んでいるのは3次元空間ですし、私たちの宇宙が無限のかなたで2次元の境界面で囲まれているとは、少なくとも現在の宇宙論では考えられていません。したがってマルダセナの例は直接、現実の世界に当てはまるわけではありませんが、今後の研究によって現実の宇宙でもホログラフィー原理が成り立っていることが示されるだろうと、多くの研究者は期待しています。

超弦理論ではホログラフィー原理が実現されているという予想を、マルダセナ予想といいます。この立場ではブラックホールが存在している空間を表すのは、無限遠でその空間を取り囲んでいる球面上に存在するたくさんのクォークとグルーオンです。空気の温度やエントロピーが空気分子の運動によって決まっているように、ブラックホールの温度とエントロピーは無限遠にあるクォークとグルーオンの運動によって決まっているのです。この対応を具体的に計算できるのは、まだ特殊な場合に限られていますが、そのような場合、クォークとグルーオンの運動から温度とエントロピーを求めると、ブラックホールの温度とエントロピーに一致することが示されています。

ではホログラフィー原理によって、ブラックホールの情報パラドックスはどのように解決されるのでしょうか。この原理は結局のところ、重力の法則が1次元低い空間での量子力学に従う素粒子の法則で説明できるといっているわけです。したがってブラックホールの蒸発という現象も、違う次元での、重力と無関係の量子力学の法則によって表されることになります。量子力学では情報が失われることはないので、ブラックホールの蒸発に際しても情報は失われることはないという結論になり、ホーキングもそれを認めたのです。

ブラックホールは幻か？

ブラックホールという重力の化け物は、それ自身が不思議な存在ですが、天文学の観測から、この宇宙には大小さまざまなそんな化け物がいたるところに存在することがわかっています。第2章でも見たように、ブラックホールの影すら見ることができる時代に、私たちは生きています。さらに、ブラックホールのエントロピーから始まった研究はホログラフィー原理にたどり着き、私たちに「重力とは何か」「空間とは何か」という根源的な問いを投げかけています。

私たちは3次元空間の中で、重力という力によって太陽の周りを公転している地球の上に住んでいます。そして天文学者はこの宇宙にブラックホールが存在することを教えてくれました。しかしホログラフィー原理は、私たちが認知している3次元空間とそこで働く重力は、無限のかなたで3次元空間を取り囲む2次元面の法則と同等であることを主張しています。この2次元面にはブラックホールはおろか重力も存在しないのです。このことはマルダセナの結果に基づいた予想ですが、期待でもあります。

もしこの予想が事実であったとしたら、ブラックホールは2次元から浮かび上がった3次元空間の幻のようなものなのかもしれません。ブラックホールの存在の疑問から始まった研究の結果、ブラックホールは幻となって消えてしまうのでしょうか。

時空そのものの存在の謎の解明を目指して

あるいはホログラフィー原理は「空間の境界面に書き込まれた情報が、現実の空間そのものを作る」という主張なのでしょうか。現在、この方向の研究が進んでいて、さまざまなおもしろい結果がでています。この研究には、ホーキング放射の時に触れた量子もつれが決定的に重要な役割を果たしています。

量子もつれ状態にある粒子のペアは、ブラックホールの表面付近ばかりでなく、時空のいたるところに存在します。ある領域内の量子もつれの状態にある粒子のペア（これをEPR対といいます）の数（正確には対数）を、その領域のエンタングルメントエントロピーといいます。エンタングルメントというのは「もつれ」の意味で、量子もつれというのは量子エンタングルメントの訳です。普通の熱力学におけるマクロの状態のエントロピーというのは、そのマクロの状態を与えるミクロの状態の総数（の対数）でしたが、ミクロの状態を量子エントロピーと置き換えたものがエンタングルメントエントロピーです。

このエンタングルメントエントロピーについて重要な発見が、2006年に笠真生（1977〜　）と高柳匡（1975〜　）によってなされました。これは境界面上のある領域のエンタングルメントエントロピーS（A）は、その領域を取り囲む空間内の曲面の最小面積Σ_A

に比例するというものです（図参照）。境界面におけるミクロな情報がそのまま空間の性質を規定するということです。境界面上の領域における量子もつれの最小単位は、1つのＥＰＲ対です。これに対応するのは最小単位の空間です。ＥＰＲ対が多くなると、だんだん最小単位の空間がつながっていくという描像が成り立ちます。また境界面上の2つの領域の間でも、それらの領域それぞれに量子もつれの状態にある粒子の一方ずつがあれば、エンタングルメントエントロピーが定義できます。そしてそれらの間のエンタングルメントエントロピーが減っていくと、内部の空間がちぎれていくこともわかりました。

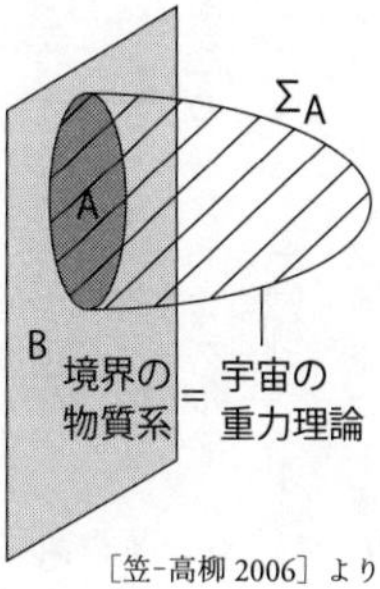

［笠-高柳 2006］より

さらにエンタングルメントエントロピーについても通常の熱力学の法則が成り立ち、それがアインシュタイン方程式として解釈できることも示されています。

これまで物理学者は重力を基本的な力と考え、量子重力理論を作るために多大の努力を続けてきました。しかしホログラフィー原理の見方では、重力は基本的な力でなく、熱圧力のような集団的な効果とすれば、量子力学的に取り扱う必要はまったくないことになります。

このように量子もつれが空間と密接に結びついていることが明らかになったのです。そしてその流れの中で「ＥＲ＝ＥＰＲ」という大胆な予想が生まれました。「ＥＲ」はアインシュタイン・ローゼンの橋、「EPR」はアインシュタイン・ポドルスキー・ローゼンの量子もつれのことです。この2つの研究は、じつは同じ1935年に出たものです。しかしERは一般相対性理論のブラックホールに関すること、一方のEPRは量子力学に関することであり、ほぼ80年間、誰も両者に関係があるとは思っていませんでした。アインシュタイン自身ですら予想していなかったでしょう。しかし2013年、マルダセナとサスキンドは「量子もつれ状態にある2つの粒子は、アインシュタイン・ローゼンの橋によって結ばれている」という仮説を提案しました。これが「ER＝EPR」です。

ただし、以上のことが数学的に示されているのは、ある特殊な空間（正確には反ド・ジッター宇宙と呼ばれる負の定スカラー曲率を持った空間）とその境界面で、私たちの住んでいる膨張宇宙に直接当てはめられるものではありません。しかし実際の宇宙でも同じことが成り立つとの期待の下で研究が続けられています。

このように、ブラックホールの情報パラドックスから始まった研究は、時空そのものの存在の謎に迫ろうとしています。その謎が解明された暁には、ブラックホールの中の特異点で何が起こっているのか、宇宙がどのように始まったのかを解明できるでしょう。

ホーキング・ソーンとプレスキルの論争

１９９７年、ホーキングとソーンは超弦理論の研究者のジョン・プレスキル（１９５３〜）と、ブラックホールの情報パラドックスについて賭けをしました。ソーンもホィーラーの弟子です。ホーキングとソーンは、ブラックホールの蒸発によって情報は失われて量子力学は破綻すると主張しました。一方のプレスキルは、量子力学は正しくホーキング放射には元のブラックホールがどのようにしてできたかという情報が含まれて、情報は失われないと主張しました。そして負けた方は勝った方が希望する百科事典を送るとしたのです。

２００４年の国際学会で負けを認めたホーキングは、その会議の壇上でプレスキルに野球の辞典を送ったそうです。ですがこの時ソーンは、ホーキングが負けを認めた理由が理解できないとして負けを納得しませんでしたが、のちに負けを認めたそうです。

あとがき

「群盲象を評す」という仏教説話があります。ブラックホールの研究を考えると、この話を思い出します。数人の盲人が象の一部だけを触って、象とは何かを議論しあい、お互いに自分の主張に固執している様をいっています。狭い理解の範囲では全体像や本質を見ることができないということです。

ブラックホールとは光さえも逃げ出せない時空の領域のことです。しかしこの簡単な一行は、ブラックホールを外の世界から眺めた特徴にすぎません。

この本で解説したように、長い間、空想の産物と思われてきたブラックホールが、実際に宇宙に数多く存在することが明らかになっています。さらに新たな観測方法によって、その性質とそれがどんな天体現象をもたらすかもよく分かってきました。天文学にとっては、外から眺めた特徴だけで話がすむからです。それはブラックホールの中の世界は外の世界に影響を与えることはないという「宇宙検閲官仮説」のおかげです。

しかしブラックホールの中の世界を考えると、想像の翼は一気に広がります。理論物理学者は、天文学にとって重要であろうがなかろうが時空構造そのものに対する好奇心で研究を進めます。その結果、ワームホールやタイムマシンという奇妙な存在の可能性が現れてきました。現在のところ、そんな構造が実際に存在するのかどうかは分かりませんが、素粒子よりさらに微小なミクロの世界では、存在している可能性は十分高いと考えられています。

さらにブラックホールには別の側面があります。それは熱力学との対応でした。この対応の本当の姿はまだ十分解明されているわけではありません。しかし、物理学の究極の理論といわれる重力の量子論のヒントであるということは、理論物理学者の一致しているところです。この類推の深い考察から情報理論との関係、ホログラフィーとの関係が出てきました。この行きつく先に、存在という概念に大転換をもたらす可能性があります。しかしこの関係はまだ仮説の域を出ていないというべきでしょう。

ブラックホールに関して現在の私たちはまさに「群盲象を評す」といった状態なのでしょう。遠くない将来、ブラックホールの真の姿がみえてくることを願って筆をおくことにしましょう。

二間瀬敏史（ふたませ・としふみ）

1953年北海道生まれ．京都大学理学部卒業．ウェールズ大学カーディフ校博士課程修了．弘前大学教授，東北大学大学院理学研究科教授などを経て，現在，東北大学名誉教授．京都産業大学教授．

著書『どうして時間は「流れる」のか』（PHP新書）
『ブラックホールに近づいたらどうなるか？』（さくら舎）
『宇宙の謎　暗黒物質と巨大ブラックホール』（さくら舎）
『ここまでわかった宇宙の謎』（講談社＋α文庫）
ほか多数

ブラックホール
中公新書 *2685*

2022年2月25日発行

著　者　二間瀬敏史
発行者　松田陽三

本文印刷　暁印刷
カバー印刷　大熊整美堂
製　本　小泉製本

発行所　中央公論新社
〒100-8152
東京都千代田区大手町1-7-1
電話　販売 03-5299-1730
　　　編集 03-5299-1830
URL https://www.chuko.co.jp/

Published by CHUOKORON-SHINSHA, INC.
Printed in Japan　ISBN978-4-12-102685-9 C1244

科学・技術